Souhail Benarrou
Mountassir Bribri

Etude de la vulnérabilité des bâtiments en zone sismique

Souhail Benarrou
Mountassir Bribri

Etude de la vulnérabilité des bâtiments en zone sismique

Etude de cas : Ville de Rabat, Maroc

Presses Académiques Francophones

Impressum / Mentions légales

Bibliografische Information der Deutschen Nationalbibliothek: Die Deutsche Nationalbibliothek verzeichnet diese Publikation in der Deutschen Nationalbibliografie; detaillierte bibliografische Daten sind im Internet über http://dnb.d-nb.de abrufbar.

Alle in diesem Buch genannten Marken und Produktnamen unterliegen warenzeichen-, marken- oder patentrechtlichem Schutz bzw. sind Warenzeichen oder eingetragene Warenzeichen der jeweiligen Inhaber. Die Wiedergabe von Marken, Produktnamen, Gebrauchsnamen, Handelsnamen, Warenbezeichnungen u.s.w. in diesem Werk berechtigt auch ohne besondere Kennzeichnung nicht zu der Annahme, dass solche Namen im Sinne der Warenzeichen- und Markenschutzgesetzgebung als frei zu betrachten wären und daher von jedermann benutzt werden dürften.

Information bibliographique publiée par la Deutsche Nationalbibliothek: La Deutsche Nationalbibliothek inscrit cette publication à la Deutsche Nationalbibliografie; des données bibliographiques détaillées sont disponibles sur internet à l'adresse http://dnb.d-nb.de.

Toutes marques et noms de produits mentionnés dans ce livre demeurent sous la protection des marques, des marques déposées et des brevets, et sont des marques ou des marques déposées de leurs détenteurs respectifs. L'utilisation des marques, noms de produits, noms communs, noms commerciaux, descriptions de produits, etc, même sans qu'ils soient mentionnés de façon particulière dans ce livre ne signifie en aucune façon que ces noms peuvent être utilisés sans restriction à l'égard de la législation pour la protection des marques et des marques déposées et pourraient donc être utilisés par quiconque.

Coverbild / Photo de couverture: www.ingimage.com

Verlag / Editeur:
Presses Académiques Francophones
ist ein Imprint der / est une marque déposée de
OmniScriptum GmbH & Co. KG
Heinrich-Böcking-Str. 6-8, 66121 Saarbrücken, Deutschland / Allemagne
Email: info@presses-academiques.com

Herstellung: siehe letzte Seite /
Impression: voir la dernière page
ISBN: 978-3-8381-7731-1

Dédicaces

A nos parents

Aucune dédicace, aucun mot ne saurait exprimer tout le respect, toute l'affection et tout l'amour qu'on vous porte.

Merci de nous avoir soutenus et aidés à surmonter tous les revers de la vie.

Que ce travail, qui représente le couronnement de votre patience de vos encouragements incessants et de tous vos sacrifices généreusement consentis, soit le gage de notre immense gratitude et de notre éternelle reconnaissance.

Que Dieu vous garde

A nos très chers frères et sœurs

A nos très chers amis

A toute la famille BRIBRI, BENARROU, …

A tous ceux que nous aimons et qui nous aiment

Que ce travail soit le témoin de toute notre affection.

Souhail et Mountassir

ملخص

يشكل تحطم البنايات أخطر آثار الزلازل و أكثرها فتكا، و لذلك يمكن قياس هول الدمار المترتب عن زلزال ما، بحجم الأضرار الظاهرة على البنايات.

إن كان اعتماد قانون البناء المضاد للزلازل في عام   يخول في حالة تطبيق بنوده، حدا أدنا من السلامة في البنايات الحديثة، يبقى التنبؤ بالأضرار التي قد تلحق بالبنايات غير المطابقة لهذا القانون أمرا إشكاليا.

تهدف دراسة الحساسية الزلزالية إلى تقييم احتمال وقوع خسائر في البنايات جراء زلزال ما، و ذلك عبر طرق مختلفة منه التجريبية أو التحليلية أو الجنيسة. تعتمد كل واحدة من هذه الطرق على عدة معطيات حسب توجهاتها، كالمخاطر الزلزالية، وتصنيف مباني المنطقة المدروسة، و إحصائيات الخسائر الملاحظة خلال زلازل سابقة و تحليل ديناميكية المباني ببرامج معلوماتية.

ترتبط الحساسية الزلزالية بالخصائص الذاتية للبناية إلى جانب مميزات الجوار و الأرضية التي شيد عليها. تمت معاينة بعض مؤشرات الحساسية الزلزالية على عينة من البنايات بالرباط وبمقارنة مع الأضرار التي خلفها زلزال الحسيمة على البنايات سنة 2004 .

Résumé

L'effondrement des bâtiments étant l'effet le plus meurtrier des séismes, l'ampleur du désastre et de la désolation causées par un tremblement de terre peut être mesuré par l'étendue des dommages subis par les structures.

Si l'adoption du code parasismique marocain (RPS 2000) en 2002 assure, sous réserve qu'il soit appliqué, un niveau minimal de sécurité pour les nouvelles constructions, prévoir les dégâts qu'infligerait un séisme aux structures non conformes à ce code reste problématique.

L'étude de vulnérabilité, vise précisément à définir l'aptitude du bâtiment à subir des dommages au cours d'un séisme suivant diverses démarches, qui peuvent êtres empirique, analytique ou hybride. Ces méthodes exploitent une ou plusieurs sources de données, dont l'aléa sismique de la région, la typologie des bâtiments existants, les statistiques sur les dommages constatés lors de précédents séismes et l'analyse dynamique des structures assistée par logiciel.

La vulnérabilité dépend essentiellement des caractéristiques intrinsèques du bâtiment, mais aussi de son voisinage et du sol sur lequel il est fondé. Quelques facteurs de vulnérabilité ont été identifiés sur des exemples de bâtiments de Rabat, sur la base des dommages survenus à EL Hoceima lors du séisme de 2004.

Abstract

The collapse of buildings is indeed the deadliest earthquake's effect, so that the extent of the disaster caused by an earthquake can be measured by the level of damage suffered by structures.

The adoption of the Moroccan seismic code (RPS 2000) in 2002 provides (when it is applied) a minimum level of safety for new construction. The problem remains to predict the probable damage structures may suffer due to an eventual earthquake.

The vulnerability assessment is intended to define the ability of the building to suffer damage during an earthquake by following various methods, which can be empirical, analytical or hybrid. These methods operate one or more data bases, including the seismic hazard in the region, the types of existing buildings, statistics of the damage observed in previous earthquakes and the dynamic structural analysis operated by software.

The vulnerability depends mainly on building's characteristics but also on its neighbors and the soil built on. Some vulnerability factors have been identified on examples of buildings in Rabat, in comparison of damage to El Hoceima in the earthquake of 2004.

TABLE DES MATIÈRES

INTRODUCTION.. *12*

Chapitre 1 : Définition de la vulnérabilité et éléments nécessaires à son analyse :

1.1   Définition de la vulnérabilité.. *14*
1.2   Acquisition des données nécessaires...................................... *16*
    1.2.1   L'aléa sismique.. *16*
    1.2.2   Typologie des bâtiments existants *16*
    1.2.3   Caractérisation de l'effet de site *17*
    1.2.4   Analyse des dommages causés par des seimes passés..................... *17*

Chapitre 2 : Facteurs de vulnérabilité et recommandations :

2.1   Facteurs géométriques *18*
    2.1.1   Régularité en plan... *18*
    2.1.2   Forme en élévation.. *19*
    2.1.3   Espacement entre deux blocs................................ *21*
2.2   Facteurs structuraux.. *22*
    2.2.1   Résistance des poutres.. *22*
    2.2.2   Résistance des poteaux....................................... *23*
    2.2.3   Nœud poteau-poutre.. *25*
    2.2.4   Eléments non-structuraux.................................... *26*
2.3   Choix du site... *27*
2.4   Système de fondations.. *28*
2.5   Comparaison entre quelques bâtiments de Rabat avec des bâtiments endommagés par le séisme d'Al Hoceima du (24/02/2004)........................... *29*

Chapitre 3 : La méthodologie d'évaluation de la vulnérabilité sismique :

3.1   Historique.. *36*
3.2   Méthodologie d'évaluation de la vulnérabilité......................... *37*
    3.2.1   Les méthodes empiriques.................................... *37*
        3.2.1.1   Les matrices probabilité des dommages............... *38*
        3.2.1.2   La méthode de l'Indice de vulnérabilité............... *40*
    3.2.2   Les méthodes mécaniques / analytiques................... *42*
        3.2.2.1   La méthodologie HAZUS................................ *42*
        3.2.2.2   La méthodologie RISK-UE.............................. *46*

       3.2.2.3   La méthode basée sur le déplacement total............................ *48*

3.2.3   Les méthodes hybrides.. *50*

3.2.4   Domaines d'application des méthodes....................................... *51*

Chapitre 4 : Proposition d'une méthode pour l'étude de la vulnérabilité de la ville de RABAT

4.1   Caractérisation de la sismicité de la ville de Rabat..................................... *53*

    4.1.1   Cadre géomorphologique de la région *53*

    4.1.2   L'aléa sismique local *53*

    4.1.3   Evaluation de l'effet de site par les périodes dominantes du sol............ *53*

4.2   Méthodologie proposée pour l'évaluation de la vulnérabilité de la ville de Rabat... *54*

4.3   Données nécessaires pour l'étude.. *56*

CONCLUSION

ANNEXES

      Annexe 1 : L'analyse Pushover.

      Annexe 2 : Cartothèque.

      Annexe 3 : Relevé de quelques facteurs de vulnérabilité sur les bâtiments endommagés après le séisme d'Al Hoceima.

      Annexe 4 : Relevé de quelques facteurs de vulnérabilité sur les bâtiments de la ville de RABAT.

BIBLIOGRAPHIE

LISTE DES TABLEAUX

TABLEAU 1.1 : LES VALEURS DU COEFFICIENT D'ACCELARATION POUR LES CINQ ZONES DE LA CARTE SISMIQUE DU MAROC. (PROBABILITE DE 10% EN 50 ANS)... *4*

TABLEAU 3.1: FORMAT DE LA MATRICE PROBABILITE DES DOMMAGES PROPOSEE PAR WHITMAN... *30*

TABLEAU 3.2 : DEFINITION DES DEGRES DE DOMMAGES DANS LA METHODOLOGIE HAZUS.. *34*

TABLEAU 3.3 : DOMAINE D'APPLICABILITE DES METHODES DE VULNERABILITE... *43*

LISTE DES FIGURES

Figure 1.1 : Procédure d'une analyse de vulnérabilité... *4*

Figure 2.1 : Torsion d'un bâtiment en L... *8*

Figure 2.2 : Dimensions des parties saillantes et rentrantes d'un bâtiment...................... *9*

Figure 2.3 : étage souple dû à la hauteur excessive du rez-de-chaussée......................... *9*

Figure 2.4 : Etage souple dû à l'absence du remplissage en briques............................ *10*

Figure 2.5 : Irrégularités verticales des bâtiments.. *10*

Figure 2.6 : Espacement entre deux blocs... *11*

Figure 2.7 : Excentricité poteau-poutre *13*

Figure 2.8 : Zone critique d'une poutre *14*

Figure 2.9 : Zones critiques d'un poteau *15*

Figure 2.10 : Zones critiques en cas de poteaux courts *16*

Figure 2.11 : Moments aux nœuds *17*

Figure 2.12 : Etapes d'effondrement du bâtiment H3... *26*

Figure 3.1 : Exemple d'une distribution log-normale du facteur de dommages estimé pour une intensité donnée montrant les estimations de la basse moyenne (ML), meilleure moyenne (MB), et la haute moyenne (MH) du facteur de dommages........................... *31*

Figure 3.2 : fonctions de vulnérabilité liées à des facteurs dommages (d) et à l'accélération maximale du sol (A_{max}) pour différentes valeurs de l'indice de vulnérabilité (I_v)................... *32*

Figure 3.3 : (a) courbe de capacité, (b) spectre non-linéaire, (c) point de performance, (d) courbes de fragilité, (e) niveau de dommages.. *36*

Figure 3.4 : Modèle simplifié pour un système à un seul degré de liberté équivalent........... *39*

Figure 3.5: Les mécanismes de réponse de dommages distribués (beam-Sway) (à gauche) et étage souple (column-sway) (à droite).. *40*

Figure 3.6 : Oscillateur simple équivalent correspondant au mode fondamental de vibration propre du bâtiment.. *40*

Figure 4.1 : Illustration d'exemple d'ensembles flous *47*

Figure A1.1 : Signification physique de la courbe de capacité.

Figure A1.2 : Niveaux d'endommagement décrits par les courbes de capacité.

Figure A2.1 : Carte de sismicité du Maroc entre 1901 et 2004 (ne sont représentés que les séismes de magnitude $\geq$ 3.6), Cherkaoui 2007.

Figure A2.2 : Carte du zonage sismique du MAROC (RPS2008).

Figure A2.3 : Carte géologique de la région de Rabat.

Figure A2.4 : Carte de répartition des périodes dominantes dans la ville de Rabat.

Figure A2.5 : Distribution des facteurs d'amplification de la ville de Rabat.

GLOSSAIRE

- **Accélération maximale au sol A_{max}** : c'est la valeur maximale de l'accélération du sol enregistrée lors d'un séisme ou adoptée comme valeur de calcul pour les sollicitations maximales.

- **Echelle de dommages** : permet d'attribuer des degrés croissants aux dommages constatés lors d'un séisme en définissant les critères de classification.

- **Effets de site** : Amplification (cas général) ou atténuation du mouvement du sol, causée par les caractéristiques locales du site : topographie, géologie, etc.

- **Déformation plastique**: Déformation irréversible des éléments réalisés en matériaux ductiles après que ceux-ci ont été chargés au-delà de leur limite d'élasticité. Elle peut donner lieu à une importante dissipation d'énergie.

- **Ductilité** : Capacité d'un matériau, et par extension d'un élément ou d'une structure, à subir avant la rupture de grandes déformations sans perte significative de résistance.

- **Intensité macrosismique** : Effets d'une secousse sismique en un site donné, observables par l'homme sans l'aide d'instruments de mesure : perception des oscillations, dommages aux bâtiments (chutes de cheminées, fissuration de murs, etc.), effets sur l'environnement : mouvement de terrain, crevasses, etc.

- **Isoséiste** : Courbe délimitant des zones d'égale intensité sur une carte macrosismique.

- **Magnitude d'un séisme** : Mesure de l'énergie rayonnée par une source sismique sous forme d'ondes. Elle est utilisée comme une mesure de la « grandeur » ou « puissance » du séisme.

- **Microzonage sismique** : Zonage sismique à l'échelle d'une commune. Il prend en compte les effets de site et les effets induits. Les cartes de microzonage sont en général élaborées à l'échelle 1 : 5000 à 1 : 15000.

- **Liquéfaction du sol :** Transformation momentanée par un séisme de sols fins saturés d'eau en un fluide dense sans résistance au cisaillement et donc sans capacité portante.

- **Risque sismique :** Probabilité pour une période de référence de pertes des biens, des activités de production et des vies humaines, exprimée en coût ou en pourcentage. Il peut être évalué pour une ville ou pour une région.

- **Séisme de scénario :** un événement représentatif de l'aléa de la zone, parfaitement défini par son accélération au roché, choisit pour effectuer une étude.

- **Spectre de réponse :** Courbe donnant en fonction de la fréquence, l'amplitude maximale du déplacement, de la vitesse ou de l'accélération d'une série d'oscillateurs simples de fréquences propres différentes, soumis à un mouvement sismique donné.

- **Zonage sismique :** Division d'un territoire en zones en fonction de l'aléa sismique et permettant la mise en œuvre de prescriptions réglementaires associées à sa prise en compte.

INTRODUCTION

Les séismes font partie des catastrophes naturelles les plus redoutées par la population, en raison de leur effet dévastateur spectaculaire et souvent très meurtrier. Ceci étant, ce ne sont pas les séismes mais bien les bâtiments effondrés qui tuent.

Le Maroc connaît une activité sismique modérée, mais a tout de même connu des séismes meurtriers tels que celui d'Agadir en 1960, de magnitude 5.75, qui fit près de 12000 victimes et celui d'El Hoceima en 2004, de magnitude 6.1, qui fit plus de 600 victimes. En comparant ces deux événements au séisme qui s'est produit à San Francisco en 1907 avec une magnitude de 8.25 en faisant 700 victimes, il s'avère claire que l'effet du séisme ne dépend pas uniquement de la violence des secousses mais aussi des bâtiments qu'il frappe.

Cela introduit la notion de la vulnérabilité des bâtiments vis-à-vis des séismes, qui quantifie leur aptitude à se dégrader et le degré de dommages envisageables pour un niveau donné de secousses, et dégage le besoin de l'évaluer au niveau des zones à risque.

Le présent ouvrage vise à présenter une vision globale sur la notion de vulnérabilité sismique des bâtiments, ses enjeux, les facteurs qui l'influencent et les méthodes communément utilisées pour son évaluation.

L'entame se fait dans le premier chapitre, par une définition globale de la vulnérabilité des bâtiments suivie d'une énumération des données impliquées dans l'analyse de vulnérabilité.

Le deuxième chapitre dresse un inventaire des différents défauts de conception qui pénalisent le comportement de la structure, dits facteurs de vulnérabilité, en spécifiant les recommandations du RPS 2000 visant à pallier à ces défauts. Il présente aussi un relevé de facteurs de vulnérabilité constatés sur quelques exemples typiques de bâtiments à Rabat en se référant aux dommages causés par le séisme d'El Hoceima en 2004.

Les méthodes d'évaluation de la vulnérabilité sont ensuite abordées dans le troisième chapitre. On y expose les différentes démarches adoptées par chacune d'elles, leurs points de divergences et leurs domaines d'applicabilité.

Pour finir, le dernier chapitre peut être considéré comme une amorce d'étude de vulnérabilité de la ville de Rabat. Apres avoir définit le cadre sismique de la ville de Rabat, une méthodologie adaptée à l'évaluation de sa vulnérabilité est présentée tout en exposant les données nécessaires à sa mise en pratique.

CHAPITRE 1

DEFNITION DE LA VULNERABILITE ET ELEMENTS NECESSAIRES A SON ANALYSE

1.1 Définition de la vulnérabilité :

Le sens étymologique de la vulnérabilité désigne une faiblesse par rapport à une attaque ou une sollicitation donnée.

Dans le domaine de la prévention des risques sismiques, la vulnérabilité d'une structure peut-être décrite comme sa susceptibilité à subir des dommages sous l'effet d'une secousse d'intensité donnée. Le but d'une évaluation de la vulnérabilité est d'obtenir la probabilité d'atteindre ou dépasser un niveau donné de dommages pour un type de bâtiment donné en raison d'un séisme de scénario.

La vulnérabilité est une caractéristique intrinsèque de chaque structure indépendante du danger de la zone. Ceci signifie qu'une structure peut être vulnérable et ne pas présenter de risque parce qu'elle est située dans une zone sans danger sismique. Elle dépend de plusieurs facteurs dont l'architecture, la conception structurale, la qualité des matériaux, l'état de conservation, et le site d'implantation, dont les plus prépondérants sont exposés dans le chapitre suivant.

Toutefois une étude de vulnérabilité serait dépourvue de sens si la sismicité de la région concernée n'est pas connue. En effet, si la vulnérabilité est une caractéristique intrinsèque du bâtiment, les dommages envisageables dépendent du séisme de scénario considéré qui varie selon le potentiel sismique local.

Les différentes méthodes disponibles pour l'évaluation de la vulnérabilité peuvent être divisé en deux grandes catégories: empirique et analytique, pouvant être couplées pour donner lieu à des méthodes hybrides. Elles suivent toutes une démarche à peu prés similaire qu'on résume dans le schéma suivant :

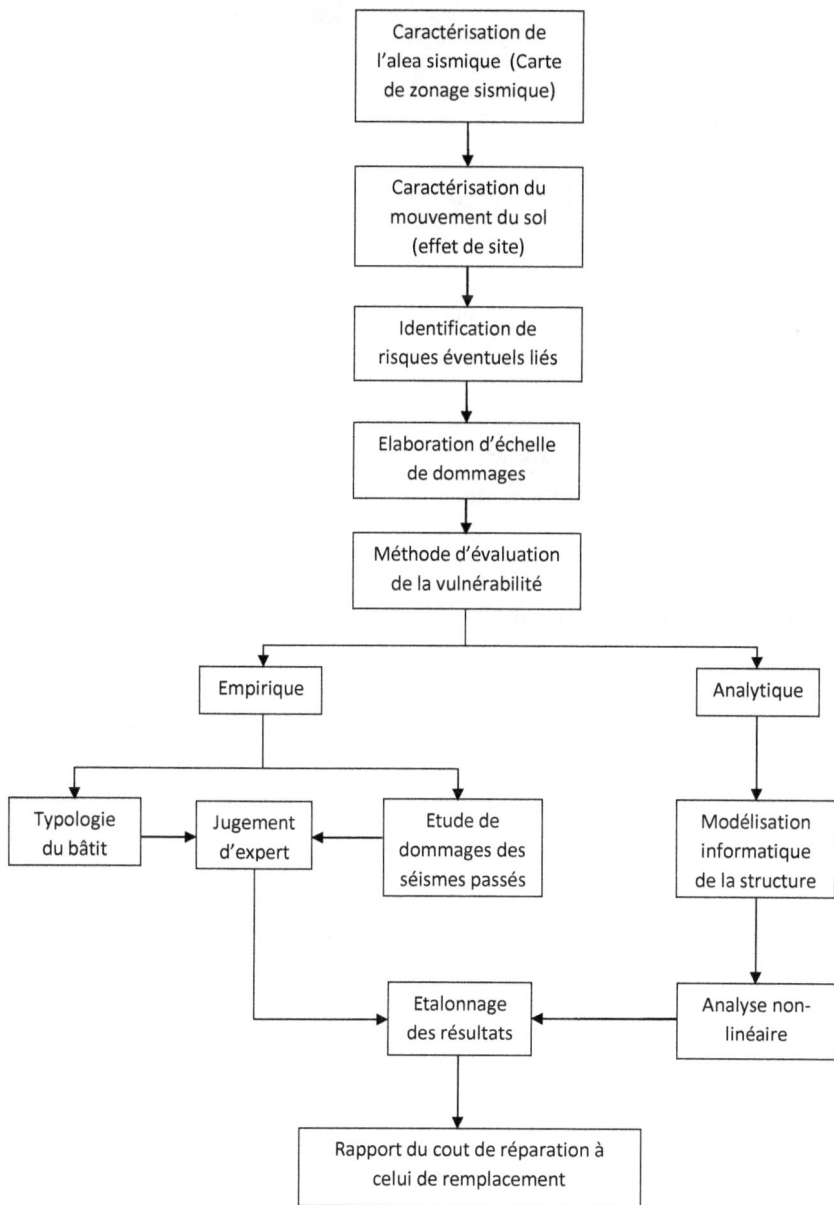

```
┌─────────────────────┐
│  Caractérisation de  │
│  l'alea sismique (Carte │
│  de zonage sismique) │
└─────────────────────┘
           │
           ▼
┌─────────────────────┐
│  Caractérisation du  │
│   mouvement du sol   │
│    (effet de site)   │
└─────────────────────┘
           │
           ▼
┌─────────────────────┐
│   Identification de  │
│  risques éventuels liés │
└─────────────────────┘
           │
           ▼
┌─────────────────────┐
│ Elaboration d'échelle │
│    de dommages       │
└─────────────────────┘
           │
           ▼
┌─────────────────────┐
│ Méthode d'évaluation │
│  de la vulnérabilité │
└─────────────────────┘
```

```
        ┌──────────────┐                    ┌──────────────┐
        │  Empirique   │                    │  Analytique  │
        └──────────────┘                    └──────────────┘

┌──────────┐  ┌──────────┐  ┌──────────┐   ┌──────────────┐
│ Typologie│→ │ Jugement │← │ Etude de │   │ Modélisation │
│ du bâtit │  │ d'expert │  │ dommages des │ │ informatique │
└──────────┘  └──────────┘  │ séismes passés │ │ de la structure │
                            └──────────┘   └──────────────┘

              ┌──────────────┐             ┌──────────────┐
              │  Etalonnage  │←────────────│ Analyse non- │
              │ des résultats │             │   linéaire   │
              └──────────────┘             └──────────────┘
                     │
                     ▼
        ┌─────────────────────────────┐
        │ Rapport du cout de réparation à │
        │   celui de remplacement     │
        └─────────────────────────────┘
```

15

Figure 1.1 : Procédure d'une analyse de vulnérabilité. [23]

Ainsi avant de se lancer dans une étude de vulnérabilité d'une agglomération il faut s'assurer de la disponibilité de quelques données :

- L'aléa sismique ;
- La typologie du bâtit existant ;
- Caractérisation de l'effet de site ;
- Etude des dommages dus aux séismes précédents.

1.2 Acquisition des données nécessaires :

1.2.1   L'aléa sismique :

L'analyse de l'aléa sismique vise une estimation quantitative du mouvement du sol pour un site particulier. Elle peut être menée de manière déterministe ayant supposé un séisme de scenario, ou bien de manière probabiliste en introduisant l'incertitude sur l'intensité, le lieu et la période de retour du séisme.

Le code parasismique Marocain a adopté l'approche probabiliste, car plus réaliste, pour établir une carte de zonage sismique du Maroc, mise à jour en 2008, qui le divise en cinq zones de niveau d'accélération horizontale, pour une probabilité d'apparition de 10% en 50 ans (voir figure A2.2).

Les zones sont classées suivant le coefficient d'accélération, qui est le rapport de l'accélération horizontale à l'accélération de la gravité g, comme le montre le tableau suivant :

TABLEAU 1.1 : LES VALEURS DU COEFFICIENT D'ACCELERATION POUR LES CINQ ZONES DE LA CARTE SISMIQUE DU MAROC. (PROBABILITE DE 10% EN 50 ANS) **[Carte de zonage sismique du RPS2008, Voir figure A2.2]**

Zones	$A = A_{max}/g$
Zone 1	0.04
Zone 2	0.07

16

Zone 3	0.1
Zone 4	0.14
Zone 5	0.18

1.2.2 Typologie des bâtiments existants :

L'étude de la typologie des bâtiments procède à une analyse statistique des différents types de bâtiments existant à l'échelle nationale ou régionale. L'enquête doit être menée sur un nombre important de bâtiments dans des sites différents pour avoir une base de donnée représentative de l'ensemble du bâti.

L'objectif est de ranger les différents types de constructions en classes homogènes, regroupant les structures susceptibles d'avoir le même comportement, selon le système structural, les matériaux de construction, le nombre d'étages et la conformité ou non au code parasismique.

1.2.3 Caractérisation de l'effet de site :

Les effets du séisme varient d'un point à un autre en raison de l'influence des couches du sol et de la topographie sur la propagation des ondes sismiques. C'est ce qu'on appel : l'effet de site.

Ce phénomène peut se manifester de manière directe par l'amplification de l'amplitude du mouvement ou par la modification de la période des ondes sismique ce qui risque de provoquer la résonnance des structures.

Il existe plusieurs méthodes pour caractériser ce phénomène en déterminant la période dominante du sol et le facteur d'amplification. A partir de là une classification des sols peut être établie en se basant sur le spectre de réponse.

Les effets induits, dits indirects, peuvent aussi menacer les structures et se manifestent par des mouvements de terrains (glissement de terrain, éboulement de cavités souterraines, ou décollement de blocs de falaises) ou une liquéfaction du sol.

L'identification de ces zones à risque nécessite des études géotechniques du sol et l'intervention d'experts dans ce domaine.

1.2.4 Analyse des dommages causés par des seimes passés :

Une étude des dommages causés par un séisme vise à déterminer la proportion de bâtiments appartenant à chacune des classes ayant subis un certain degré de dommages pour différentes intensités du séisme. (Exemple: 8% des bâtiments de la classe 1 on subit des dégradations de type 2 pour une intensité de V et 13% pour une intensité de VI)

Bien évidemment les degrés de dommages correspondant à un état donné de la structure doivent être décrits de manière précise, pour faciliter l'appréciation sur le terrain du degré de dommage constaté.

CHAPITRE 2

FACTEURS DE VULNERABILITE ET RECOMMANDATIONS

2.1 Facteurs géométriques :

2.1.1 Régularité en plan :

La forme en plan du bâtiment influence directement la distribution horizontale de rigidité et de masse. Les bâtiments présentant une dissymétrie plane sont susceptibles de subir une torsion (rotation de la structure) due au bras de levier offert à l'action sismique horizontale par la distance entre le centre des rigidités et le centre de masse. (Voir photo 2.7, photo 2.8 et figue 2.1)

Une des configurations qui peut s'avérer préjudiciable est celle des bâtiments composés d'ailes non fractionnées. En effet les bâtiments en forme de L ou de U présentent des points vulnérables dans les coins, qui sont le siège d'une accumulation de contraintes suite aux mouvements d'éloignement des blocs.

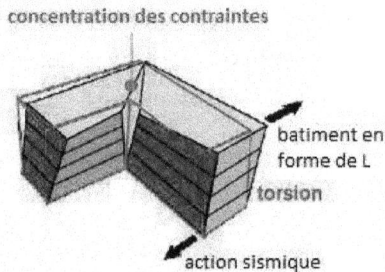

Figure 2.1 : Torsion d'un bâtiment en L. **[17]**

18

Eviter la torsion revient à minimiser le bras de levier, mesuré perpendiculairement à la direction de l'action sismique, qui ne doit pas dépasser 0.20 fois la racine carrée du rapport de la raideur de torsion sur la raideur de translation.

Aussi, les dimensions des parties saillantes ne doivent pas excéder 25% de la dimension du coté correspondant : a+b = 0.25 B, et l'élancement horizontal L/B doit être inferieur à 3,5 comme illustré dans la figure ci-dessous.

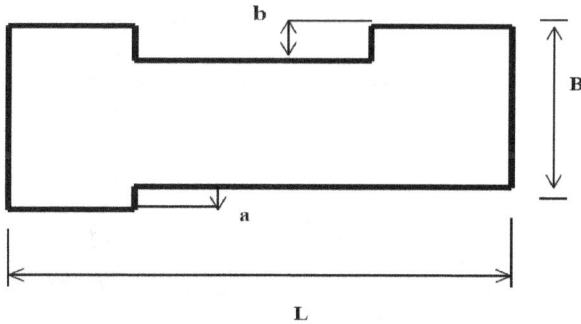

Figure 2.2: dimensions des parties saillantes et rentrantes d'un bâtiment. [1]

2.1.2 Forme en élévation :

L'irrégularité de la bâtisse en élévation est un autre facteur qui pénalise gravement la résistance de la structure vis-à-vis des secousses sismiques car il induit des écarts de comportement entre les étages et peut aboutir à la formation d'étages souples (Voir Annexe 3, photo A3.1). Ce phénomène peut se manifester dans les cas suivants :

❖ Différence de hauteur importante entre deux étages successifs impliquant un écart de rigidité qui peut conduire à la plastification de l'étage le plus élancé. Ce cas de figure est fréquemment rencontré dans les bâtiments abritant des commerces ou hangars au RDC.

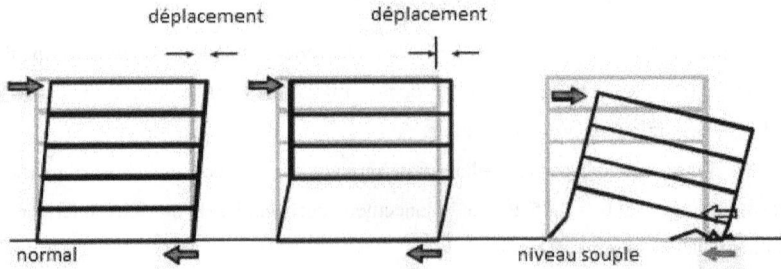

Figure 2.3 : Etage souple dû à la hauteur excessive du rez-de-chaussée. [1]

❖ L'absence de remplissage de maçonnerie ou présence de grandes surfaces ouvertes dans l'un des étages.

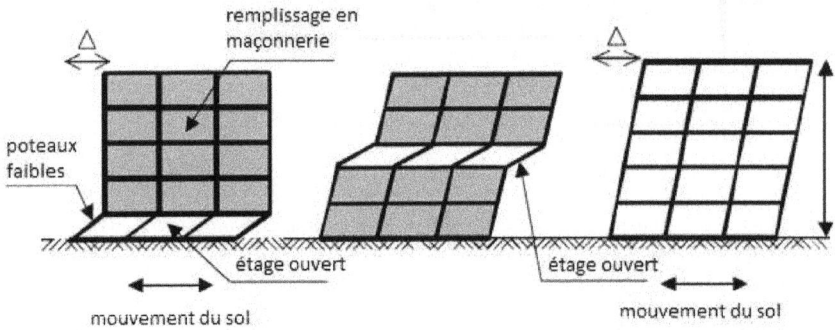

Figure 2.4 : Etage souple dû à l'absence du remplissage en briques. [17]

❖ Les bâtiments présentant des retraits ou des saillis excessifs sont aussi vulnérables car cette conception présente souvent, en plus des écarts de comportement, des poteaux non superposés ou des portes a faux très important ce qui compromet le cheminement des charges entre les étages.

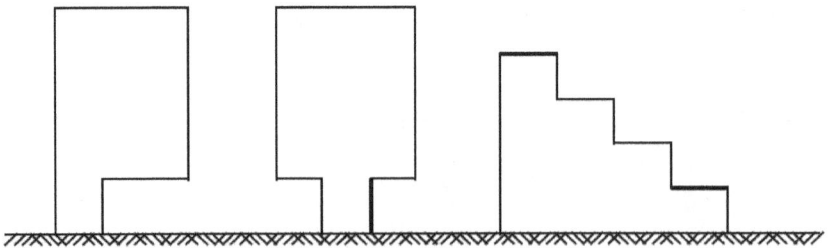

Figure 2.5 : irrégularités verticales des bâtiments. [17]

Recommandations du RPS2000 :

❖ La distribution de la rigidité et de la masse doit être sensiblement régulière le long de la hauteur. Les variations de la rigidité et de la masse entre deux étages successifs ne doivent pas dépasser respectivement 30 % et 15 %.

❖ Dans le cas d'un rétrécissement graduel en élévation, le retrait à chaque niveau ne doit pas dépasser 0.15 fois la dimension en plan du niveau précédent sans que le retrait global ne dépasse 25% de la dimension en plan au niveau du sol.

❖ Dans le cas d'un élargissement graduel sur la hauteur, la saillie ne doit pas dépasser 10% de la dimension en plan du niveau précédent sans que le débordement global ne dépasse 25% de la dimension en plan au niveau du sol.

❖ Pour les bâtiments dont la hauteur totale ne dépasse pas 12 m ; les pourcentages relatifs à la configuration peuvent être ramenés à 40%.

2.1.3 Espacement entre deux blocs :

Si deux bâtiments mitoyens sont construits sans joints sismiques suffisants entre eux, leur interaction au cours d'un tremblement de terre peut donner lieu à un entrechoquement qui modifie la réponse dynamique des deux bâtiments et peut aussi communiquer des charges supplémentaires d'inertie à leurs structures. Les bâtiments de même hauteur à étages correspondants présenteront des comportements dynamiques similaires en se comportant comme un bloc solidaire. Si les bâtiments s'entrechoquent, les planchers vont interagir avec d'autres étages, ce qui signifie que les dommages induits seront généralement limités aux éléments non structuraux (Voir Annexe 3, photo A3.6). Toutefois, lorsque les étages des bâtiments adjacents sont à différentes altitudes, les planchers auront un impact sur les poteaux de l'édifice d'à côté, ce qui peut causer des dommages structurels. Etant donné que le bâtiment n'est pas conçu pour ces conditions, il peut y avoir potentiellement des dommages importants allant même à l'effondrement de la structure.

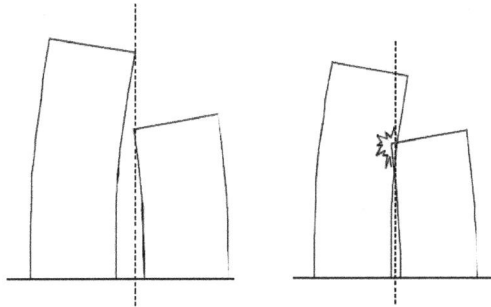

Figure 2.6 : Espacement entre blocs. **[17]**

Recommandations du RPS2000 :

❖ Les bâtiments présentant des écarts de masse ou de hauteur supérieurs à 15% doivent impérativement être séparés par un joint.

❖ Le matériau de constitution du joint doit permettre le déplacement libre des deux structures sans pour autant transmettre les efforts entre les deux.

❖ La largeur du joint entre deux structures ne doit pas être inférieure à la somme de leurs déformations latérales respectives incluant les déformations de torsion, en ayant pour largeur minimale possible 5cm.

❖ A défaut de justification, la largeur du joint entre deux blocs sera supérieure à $\alpha.H_2$; avec H_2 la hauteur du bloc le moins élevé, $\alpha= 0.003$ pour les structures en béton.

2.2 Facteurs structuraux :

2.2.1 Résistance des poutres :

Les poutres participent au contreventement horizontal des portiques et sont donc essentiels pour la stabilité des bâtiments. Une rupture prématurée d'une ou plusieurs poutres peut provoquer un déséquilibre de rigidités et entrainer ainsi une rotation ou basculement de toute la structure.

Les poutres de faibles dimensions ou faiblement armées, qui peuvent très bien reprendre les charges statiques, sont particulièrement vulnérables vis-à-vis des sollicitations dynamiques et compromettent toute la stabilité des étages supérieurs (Voir Annexe 3, photo A3.3).

Recommandations du RPS2000 :

➢ *Dimensions minimales :*

a) Les dimensions de la section transversale de la poutre, h et b étant respectivement la plus grande et la plus petite dimension, doivent satisfaire les conditions suivantes :

❖ $/\square^{3} \geq 0.25$ (2.1)

❖ $^{3} \geq 200$ (2.2)

❖ $\leq + \square /2$ (2.3)

b_C: la dimension de la section du poteau perpendiculaire à l'axe de la poutre.

h_C : la dimension de la section du poteau parallèle à l'axe de la poutre

b) La distance entre les axes de la poutre et du poteau support ne doit pas dépasser 0.25 fois la largeur du poteau. Figure 2.7 (Excentricité e ≤ 0.25 fois la largeur du poteau)

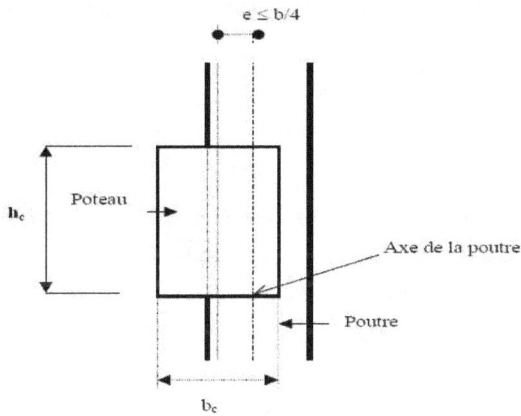

Figure 2.7 : Excentricité poteau- poutre. [1]

➢ *Armatures transversales*

Le but recherché est de confiner le béton pour augmenter sa résistance d'adhésion, et résister aux forces de cisaillement et d'éviter qu'il s'effrite.

Les zones critiques pour un élément poutre sont les suivantes pour une ductilité de niveau ND1 :

a) Les extrémités non libres de la poutre sur une longueur l_c égale à 2 fois la hauteur h de la poutre. (Figure 2.8).

b) Les zones nécessitant des armatures de compression.

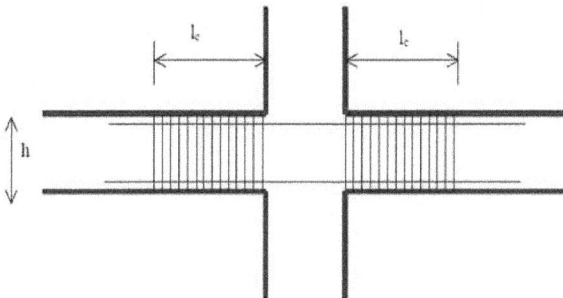

Figure 2.8 : Zone critique d'une poutre. [1]

c) Le diamètre minimal des armatures utilisables est de 6 mm.

d) Les premières armatures doivent être placées à 5 cm au plus de la face du poteau.

e) Pour les structures de ductilité ND1 et ND2, l'espacement ne doit pas excéder le minimum des grandeurs suivantes :

$$= \quad (8 \, \phi \quad ; 24 \, \phi \quad ; 0.25 \, \square ; 20 \quad) \qquad (2.4)$$

ϕ_L : diamètre des barres longitudinales.

ϕ_T : diamètre des barres transversales.

2.2.2 Résistance des poteaux :

Les poteaux sont les éléments les plus importants dans la stabilité des structures mais aussi les plus sollicités. En effet ils sont sollicités en flexion due aux charges sismique couplée à l'effort normal dû au poids propre de la structure et aux charges d'exploitations.

Plusieurs phénomènes sont à craindre pour les poteaux comme le flambement, la rupture par cisaillement, la rupture par flexion excessive (Voir Annexe 3, photo A3.4).

L'autre phénomène particulièrement redoutable pour les poteaux, est la formation de poteaux courts pour les colonnes situées entre deux ouvertures ou bien adjacentes à des murs de remplissage incomplets (Voir Annexe 3, photo A3.7 et photo A3.8). Ces poteaux ont tendance à attirer les efforts sismiques en raison de leur grande rigidité par rapport aux autres colonnes d'un étage, et font l'objet de ruptures fragiles qui infligent de sérieux dommages à la structure.

Recommandations du RPS2000 :

➢ *Dimensions minimales :*

Les dimensions de la section transversale du poteau, h_C et b_C étant respectivement la plus grande et la plus petite dimension, doivent satisfaire les conditions suivantes :

a) $\quad \geq 25$ cm (ductilité ND1 et ND2) (2.5)

b) $\square \, / \quad \leq 16$ (2.6)

b_C : la dimension de la section du poteau perpendiculaire à l'axe de la poutre.

h_C : la dimension de la section du poteau parallèle à l'axe de la poutre.

➢ *Zones critiques d'un poteau :*

Sont considérées comme zones critiques :

a) Les extrémités du poteau (Figure 2.9) sur une longueur l_C égale à la plus grande des longueurs suivantes :

- la plus grande dimension de la section du poteau h_C

- 1/6 de la hauteur nette du poteau h_E

- 45 cm

$$= \quad (- , \square , 45 \quad) \qquad (2.7)$$

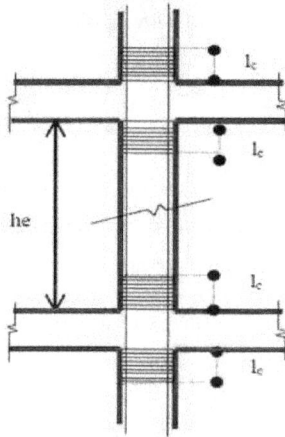

Figure 2.9 : Zones critiques d'un Poteau. [1]

b) Dans le cas où un poteau est adjacent de part et d'autre à un mur de remplissage incomplet (Figure 2.10) la longueur minimale de la zone critique est égale à :

$$= \quad (\quad ; -; \quad ; 45 \quad) \quad (2.8)$$

Avec : $x = (h_E - h_R) + b_C$

   b_C : étant la dimension du poteau parallèle au mur.

   h_R : hauteur du remplissage.

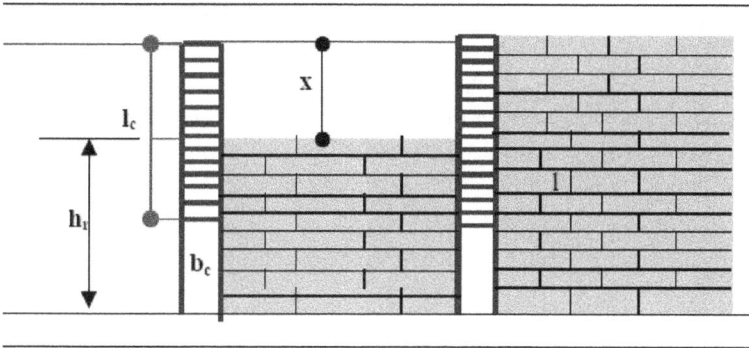

Figure 2.10 : Zones critiques en cas de poteaux courts. [1]

Espacement maximal des armatures transversales :

Espacement	Zone critique	=	$(8 \phi , 0.25 \quad ; 15 \quad)$	(2.9)

maximal : s	Zone courante	=	$(12\, \phi\, ,0.\,5\quad ;\, 30\quad)$ (2.10)

2.2.3. Nœud poteaux- poutre :

Un bon dimensionnement des poutres et poteaux d'une structure n'assure pas forcement sa pérennité. En effet, pour que ces éléments structuraux travaillent convenablement il faut que la transmission des efforts se fasse convenablement au niveau des nœuds poteau-poutre.

Ces nœuds sont un lieu privilégié pour l'apparition des rotules plastiques qui font basculer la structure et causent des déformations permanentes voir même l'effondrement du bâtiment (Voir Annexe 3, photo A3.5).

Recommandations du RPS2000 :

a) Pour éviter la formation de rotules plastiques dans les poteaux (élément porteur) il faut qu'au nœud poteaux- poutres, la somme des valeurs absolues des moments ultimes des poteaux doit être supérieure à celle des moments des poutres aboutissant au nœud. (Figure 2.11)

$$|\quad |+|\quad | \geq \quad . \quad (\quad +\quad)\ (2.11)$$

b) Il est nécessaire d'assurer une continuité mécanique suffisante des aciers dans le nœud qui est une zone critique.

c) Il est obligatoire de disposer des cadres et des étriers dans les nœuds ; la densité de ces aciers est égale à celle existante à l'extrémité du poteau.

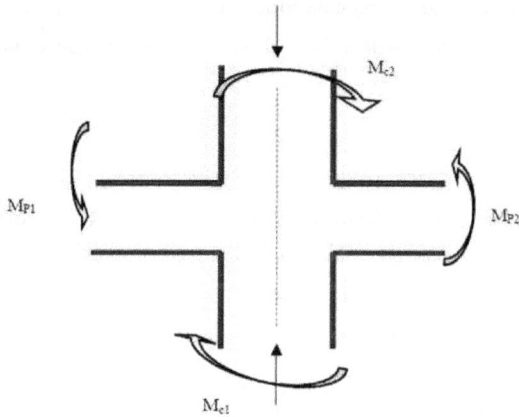

Figure 2.11 : Moments aux nœuds. [1]

2.2.4. Eléments non structuraux :

Les éléments non structuraux notamment les murs de remplissage, les éléments de façade ou les cheminées sont des éléments rarement pris en compte dans les calculs de dimensionnement de la structure, alors qu'ils peuvent radicalement modifier le calcul de la structure par l'effet de leur point et leur impact sur les éléments structuraux adjacents (Voir Annexe 3, photo A3.2).

En plus de cela, les nœuds sont très sensibles aux déplacements de la structures et se détériorent rapidement en engagent un sérieux danger pour les occupants du bâtiment.

Recommandations du RPS2000 :

❖ Il faut s'assurer que les panneaux de séparation négligés dans le calcul ne créent pas des efforts de torsion importants.

❖ Il faut s'assurer dans le cas des murs de remplissage que les poteaux et les poutres adjacents à ces murs peuvent supporter le cisaillement développé par les poussées des murs aux nœuds du portique.

❖ En l'absence d'interaction entre le système structural et les éléments non structuraux, ces derniers doivent être disposés de telle sorte à ne pas transmettre au système structural les efforts qui n'ont pas été pris en compte dans le calcul.

27

❖ Dans le cas d'interaction entre le système structural et des éléments rigides non structuraux, tels que les murs de remplissage, il faut faire en sorte que la résistance du système ne soit pas diminuée par l'action ou la défaillance de ces éléments.

2.3 Choix du site :

Le site d'implantation du bâtiment peut aussi jouer un rôle déterminant dans l'exposition de la structure au risque sismique. En effet, l'expérience a montré que le taux de dommages dans les endroits présentant un effet de site direct ou induit important, sont beaucoup plus élevés que dans d'autres sites (cas d'Imzouren à EL Hoceima).

Recommandations du RPS2000 :

a) Toute construction de bâtiment doit être interdite au voisinage des failles actives ou passives.

b) Les études du sol du site des fondations sont obligatoires et conduites de la même manière que dans le cas des situations non sismiques. Elles doivent notamment permettre le classement du site par rapport aux différents types prescrits par le règlement.

c) Une attention particulière doit être portée aux conditions des sites à risque telles que :

❖ La présence de remblai non compacté ou sol reconstitué ;

❖ La présence de nappe peu profonde susceptible de donner lieu à une liquéfaction en cas de séisme ;

❖ Le risque de glissement de terrain.

d) Dans les sites à risques, les constructions ne sont autorisées que si des mesures pour limiter les risques sont prises.

2.4 Système de fondation :

Les fondations étant la partie qui assure la transmission des charges au sol et l'encastrement du bâtiment à son assise, toute défaillance à leur niveau condamne à coup sûr toute la structure.

La non prise en compte des efforts sismiques lors du dimensionnement des fondation peut entrainer un poinçonnement du sol qui se manifeste par des tassements différentiels ou même un renversement de la structure quand l'encastrement au sol n'est pas bien assuré.

Recommandations du RPS2000 :

a) Le système de fondation doit pouvoir :

❖   assurer l'encastrement de la structure dans le terrain ;

❖   transmettre au sol la totalité des efforts issus de la superstructure ;

❖   limiter les tassements différentiels et/ou les déplacements relatifs horizontaux qui pourraient réduire la rigidité et/ou la résistance du système structural.

b) Les points d'appuis de chacun des blocs composant l'ouvrage doivent être solidarisés par un réseau bidimensionnel de longrines ou tout autre système équivalent tendant à s'opposer à leur déplacement relatif dans le plan horizontal. Cette solidarisation n'est pas exigée si les semelles sont convenablement ancrées dans un sol rocheux non fracturé et non délité.

c) Les fondations doivent être calculées de telle sorte que la défaillance se produise d'abord dans la structure et non dans les fondations.

d) Dans le cas des fondations en pieux, ces derniers doivent être entretoisés dans au moins deux directions pour reprendre les efforts horizontaux appliqués au niveau du chevêtre des pieux sauf s'il est démontré que des moyens de retenue des pieux équivalents sont en place.

e) Les éléments de fondation profonde supportent le bâtiment soit :

❖   en transmettant par leur pointe les charges à une couche profonde et solide ;

❖   par frottement ou par adhérence de leur paroi au sol dans lequel ils se trouvent ;

❖   par une combinaison des deux actions.

2.5 Comparaison entre quelques bâtiments de Rabat avec des bâtiments endommagés par le séisme d'Al Hoceima du (24/02/2004) :

On s'est intéressé dans cette étude au quartier d'Agdal en raison de la densité de l'occupation du sol, et de la cohabitation d'une forte activité économique, illustrée par la profusion de locaux commerciaux, avec des bâtiments destinés au logement.

Le quartier d'Agdal présente aussi des valeurs du facteur d'amplification comprises entre 1 et 5 ce qui peut provoquer, pour les zones où la valeur est maximale, une amplification significative. Quant aux périodes dominantes du sol, elles sont comprises entre 0,6 et 0,8 s ; ce qui n'est pas anodin dans un quartier où la plupart des immeubles sont à cinq niveaux et ont donc une période propre de l'ordre de 0,5 s.

Ce rapprochement entre les périodes propres des structures et celles du sol couplé à un facteur d'amplification de l'ordre de 4 ou 5 peut s'avérer dangereux ; d'où le choix de se pencher sur ce quartier.

1) Bâtiment 1 : Risque de formation de poteaux courts :

Le bâtiment concerné est un R+4 situé en angle d'un groupement d'immeubles. Il présente une partie saillante d'environ 1,5 m sur quatre niveaux, en plus d'un rez-de-chaussée avec trois fenêtres pour chaque façade.

Photo 2.1 : Vue d'ensemble du bâtiment R1.

La partie saillante peut entraîner des déformations importantes au niveau du rez-de-chaussée où il peut y avoir des fissurations en X dans la maçonnerie entre les fenêtres accompagnées de déformation ou même cisaillement des poteaux courts entre ces ouvertures selon l'intensité du séisme.

❖ Dommages possibles :

Photo 2.2 : Vue des dégâts du bâtiment H1.

On voit sur l'image les dommages subis par le bâtiment H1 qui est un R+2 situé à Imzouren :

➢ Cisaillement des poteaux confinés entre les fenêtres
➢ Fissures en X de la maçonnerie entre les fenêtres

2) Bâtiment 2 : un immeuble adossé à un bâtiment plus court :

Photo 2.3 : Différence de hauteur entre le bâtiment R2 et le bâtiment adjacent.

Le bâtiment R2 à droite de l'image est un R+4 ayant un rez-de-chaussée de 4,5m de hauteur présentant une grande surface ouverte pour les besoins des commerces. Mais surtout il est adossé à un bâtiment plus court de deux niveaux avec l'absence de joint de séparation. Les étages de ce dernier se trouvent à des hauteurs différentes du bâtiment 2 et peuvent donc attaquer ses poteaux.

❖ Dommages possibles :

Photo 2.4 : Bâtiment H2 à gauche de l'image.

L'absence de joint de séparation entre ces deux bâtiments à Imzouren a fait que le rez-de-chaussée des deux bâtiments se comportent comme un seul bloc ce qui à fait que le niveau supérieur du bâtiment H2 soit plus souple.

3) Bâtiment 3 : cas d'un R+4 avec des commerces au niveau du rez-de-chaussée :

Photo 2.5 : Vue d'ensemble du bâtiment R3.

Photo 2.6 : Détail du joint entre le bâtiment R3 et le bâtiment adjacent.

Le bâtiment R3 situé sur un terrain légèrement en pente rassemble plusieurs facteurs de vulnérabilité :

➢ Etage souple au niveau du rez-de-chaussée dû à la hauteur excessive de celui-ci (5m environ)
➢ Un porte-à-faux d'environ 1,20 m sur 3 niveaux et un retrait de 2 m au dernier étage.
➢ Différence de hauteur avec le bâtiment mitoyen. En effet, la dalle du 1er niveau du bâtiment voisin se trouve quasiment à mi-hauteur du rez-de-chaussée du bâtiment étudié, et peut donc attaquer par son mouvement les poteaux. (voir image qui précède)
➢ Absence de joint de séparation. (voir image qui précède)

❖ Dommages possibles :

L'absence de joint de séparation entre ces deux bâtiments à Imzouren a fait que le rez-de-chaussée des deux bâtiments se comportent comme un seul bloc ce qui à fait que le niveau supérieur du bâtiment endommagé soit plus souple.

Photo 2.7 : Bâtiment H3

Photo 2.8 : Vue d'ensemble du bâtiment H3.

Ce bâtiment d'Imzouren qui abritait un café au niveau inferieur est complètement détruit à cause de la défaillance de son rez-de-chaussée comme le montre le schéma suivant :

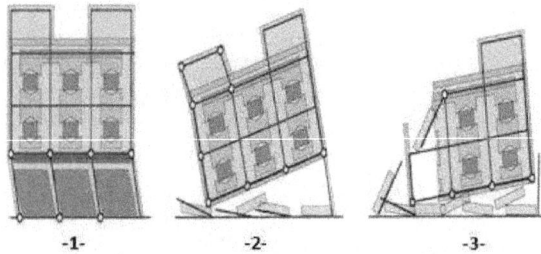

Figure 2.12 : Etapes d'effondrement du bâtiment H3.

❖ Etape 1 : déplacement excessif de la structure à cause de la faible rigidité du rez-de-chaussée qui produit la plastification des nœuds des poteaux.
❖ Etape 2 : basculement de la bâtisse sur la gauche, l'impacte avec le sol fait céder les poteaux de la tour de gauche.
❖ Etape 3 : écroulement de la tour gauche qui entraine avec elle une partie de l'étage en-dessous.

CHAPITRE 3

LA METHODOLOGIE D'EVALAUTION DE LA VULNERABILITE SISMIQUE

3.1 Historique :

Dans les dernières décennies, une augmentation spectaculaire des pertes causées par des catastrophes naturelles (notamment les séismes) a été observée dans le monde entier. Les raisons de cette augmentation sont multiples, et comprennent certainement l'augmentation de la population mondiale, la grande vulnérabilité des sociétés modernes et des technologies, et la multiplication des mégalopoles (avec une population de plus de 2 millions), dont beaucoup sont situées dans des zones à risque sismique élevé. Afin de concevoir les programmes atténuation du risque dans ces dites zones, un modèle fiable de perte pour la région considérée doit être compilé tel que les pertes futures dues aux tremblements de terre peuvent être déterminées avec une précision relative.

L'objectif principal d'un modèle consiste à calculer l'aléa sismique sur tous les sites d'intérêt et de convoluer ce risque à la vulnérabilité de l'ensemble des bâtiments exposés tels que la répartition des dommages du parc immobilier pourra être prédite; les ratios de dommages, qui concernent le coût de la réparation au coût de la démolition du bâtiment, peut ensuite être utilisé pour calculer la perte.

Une évaluation de la vulnérabilité doit être faite pour une qualification particulière du mouvement du sol, qui représente la demande sismique du tremblement de terre sur le bâtiment. Le paramètre sélectionné devrait être en mesure de corréler les mouvements du sol avec les dommages causés aux bâtiments. Traditionnellement, l'intensité macrosismique et l'accélération maximale du sol (A_{max}) ont été utilisées, tandis que des propositions plus récentes ont lié la vulnérabilité sismique des bâtiments aux spectres de réponse obtenus à partir de mouvements du sol.

Chaque méthode d'évaluation de la vulnérabilité modélise les dommages sur une échelle discrète de dommage (MSK, l'échelle modifiée de Mercalli et l'échelle EMS98). Dans les procédures empiriques, l'échelle de dommage est utilisée pendant l'enquête sur le terrain pour produire des statistiques de dommages après tremblement de terre, tandis que dans les procédures analytiques cette échelle est liée aux propriétés mécaniques d'état limite des bâtiments, tels que la capacité de dérive entre les étages.

L'évolution des procédures d'évaluation de la vulnérabilité pour les différentes classes de construction est décrite dans les sections suivantes, où les références les plus importantes, les applications et les développements propres de chaque méthode sont présentés. On s'intéresse dans notre étude aux bâtiments en Béton Armé particulièrement en milieu urbain, dans lequel ce genre de bâtiments est le plus fréquent.

3.2 Méthodologie d'évaluation de la vulnérabilité :

3.2.1 Les méthodes empiriques :

L'évaluation de la vulnérabilité sismique des bâtiments à grande échelle géographique a d'abord été menée dans le début des années 70, grâce à l'emploi des méthodes empiriques développées et calibrées en fonction de l'intensité macrosismique. Ce fut une conséquence du fait qu'à l'époque, les cartes de risque ont été, dans leur grande majorité, définies en termes des échelles de dommage discrètes (les tentatives précédentes de corréler l'intensité des grandeurs physiques, telles que l'A_{max} du sol, a conduit à une dispersion trop grande et inacceptable). Par conséquent, ces approches empiriques constituent les seules approches raisonnables et possibles qui pouvaient être utilisé dans les analyses du risque sismique à grande échelle.

On commence tout d'abord lors d'une telle procédure empirique, à une étude typologique des bâtiments situés dans la zone à étudier. Cette étude vise à dégager les différents types de bâtiments, en précisant leurs proportions et leurs différentes caractéristiques à savoir le type du système porteur (portiques avec murs en maçonnerie, portiques contreventés par des voiles, etc.), l'époque de construction, les matériaux de construction, l'état de conservation, etc.

On procède, ensuite, à une enquête sur le terrain en remplissant un formulaire d'enquête pour recueillir des informations sur les paramètres importants de la construction qui pourraient influer sur sa vulnérabilité, par exemple : la configuration plane et en élévation, le type de fondations, les éléments structuraux et non structuraux, l'état de conservation et le type et la qualité des matériaux.

Après avoir effectué l'étude typologique et l'enquête sur le terrain, vient le rôle des experts qui, par leur jugement, peuvent évaluer la vulnérabilité des bâtiments à l'étude en utilisant l'une des méthodes empiriques.

Il existe deux principaux types de méthodes empiriques pour l'évaluation de la vulnérabilité sismique des bâtiments qui sont basées sur les dommages observés après les tremblements de terre, qui peuvent toutes deux être qualifiées de « relations dommage-mouvement» :

❖ Les matrices de probabilité des dommages MPD, qui expriment en une forme discrète la probabilité conditionnelle d'obtenir un niveau j de dommages, en raison d'un mouvement du sol d'intensité i, $P[D = j|i]$;

❖ L'indice de vulnérabilité, qui permet d'estimer le facteur de dommage en faisant la somme de coefficients de qualité des paramètres du bâtiment pondérés par les poids associés, et ce sur la base de jugement d'experts.

3.2.1.1 Les matrices probabilité des dommages :

Le concept de MPD est qu'une typologie structurelle donnée aura la même probabilité d'atteindre un état de dommage pour une intensité de séisme donné. Le format de la MPD suggéré par Whitman est présenté dans le tableau 3.1, où des exemples de proportions de bâtiments avec un niveau donné de lésions structurelles et non structurelles sont fournis à titre de fonction d'intensité (à noter que le taux de dommages représente le ratio des frais de réparation au coût de remplacement). Whitman a compilé les MPD pour diverses typologies structurelles selon les dommages subis par plus de 1600 bâtiments après le tremblement de terre de San Fernando en 1971.

La MPD est basée sur les données des dommages des bâtiments, en introduisant la distribution binomiale pour décrire les distributions des dommages de toute classe de bâtiment pour différentes intensités sismiques. La loi binomiale a l'avantage d'utiliser un seul paramètre qui varie entre 0 et 1. D'autre part, elle a l'inconvénient d'avoir la moyenne et l'écart-type en fonction de cet unique paramètre. Ce type de méthode a également été appelé «directe», parce qu'il y a une relation directe entre la typologie des bâtiments et des dommages observés.

TABLEAU 3.1: FORMAT DE LA MATRICE PROBABILITE DES DOMMAGES PROPOSEE PAR WHITMAN [23]

Etat de dommage	Dommages structuraux	Dommages non structuraux	Taux de dommage (%)	Intensité du séisme				
				V	VI	VII	VIII	IX
0	Rien	Rien	0 - 0.05	10.64	-	-	-	-
1	Rien	Mineur	0.05 - 0.3	16.4	0.5	-	-	-
2	Rien	localisé	0.3 - 1.25	40.0	22.5	-	-	-
3	peu perceptible	Répandu	1.25 - 3.5	20.0	30.0	2.7	-	-
4	mineur	Substantiel	3.5 - 4.5	13.2	47.1	92.3	58.8	-
5	Substantiel	Etendu	7.5 - 20	-	0.2	5.0	41.2	14.7
6	Majeur	Quasi total	20 - 65	-	-	-	-	83.0
7	Bâtiment condamné		100	-	-	-	-	2.3
8	Ruine totale		100	-	-	-	-	-

Le principe du remplissage de la matrice consiste à fournir trois estimations : basse, meilleure et haute du taux de dommage pour les intensités de l'échelle modifiée de Mercalli (MMI) de VI à XII pour différents classes de bâtiments. Les basses et hautes évaluations du taux fournies doivent délimitent un intervalle de 90 % d'une distribution log-normale, pendant que la meilleure évaluation doit être prise comme le taux de dommages médian (cf. figure 3.1). Cette distribution log-normale est ensuite utilisée pour calculer la proportion de bâtiments susceptible d'atteindre le taux central de dommages pour chaque gamme. Des gammes de taux définissent les différents états de dommages (cf. TABLEAU 3.1). Ainsi, une MPD pourrait être produite pour chaque niveau d'intensité pour chaque classe de construction (à noter que ce travail est principalement fait par des experts en génie parasismique).

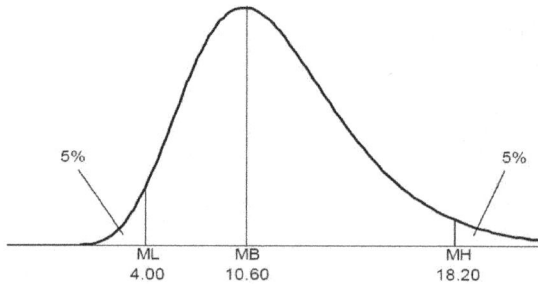

Figure 3.1 : Exemple d'une distribution log-normale du taux de dommages estimé pour une intensité donnée montrant les estimations de la basse moyenne (ML), meilleure moyenne (MB), et la haute moyenne (MH) du facteur de dommages. [23]

L'utilisation de données sur les dommages observés pour prédire les effets futurs des tremblements de terre a l'avantage que, lorsque les matrices probabilité de dommages sont appliquées à des régions ayant des caractéristiques similaires, une indication réaliste des dégâts attendus devrait se dégager et de nombreuses incertitudes sont intrinsèquement prises en compte. Toutefois, il existe divers inconvénients liés à l'utilisation continue de méthodes empiriques telles que la MPD :

❖ Une échelle d'intensité macrosismique présente le problème de duplicité de l'utilisation des dommages : à la fois pour la détermination de l'intensité du séisme et pour la quantification de la vulnérabilité des bâtiments.

❖ Le calcul des fonctions empiriques de vulnérabilité nécessite la collecte et la combinaison de statistiques de dommages post-tremblement de terre des de plusieurs événements sismiques. En outre, les tremblements de terre de grande magnitude se produisent relativement peu fréquemment à proximité de zones densément peuplées et donc les données disponibles tendent à graviter autour des niveaux dommages faibles. La validité de l'estimation est donc douteuse pour les intensités limites de la matrice.

❖ Les cartes d'aléa sismique sont désormais définies en termes d'accélération maximale du sol A_{max} (ou ordonnées spectrales) ce qui impose de la lier à l'intensité, mais l'incertitude dans cette équation est souvent ignorée.

❖ Lorsque l'A_{max} du sol est utilisé dans le calcul de la vulnérabilité définie empiriquement, la relation entre la fréquence des mouvements du sol et la période de vibration des bâtiments n'est pas prise en compte (effet de résonnance).

3.2.1.2 La méthode de l'Indice de vulnérabilité :

Elle est basée sur une large base de données provenant de l'enquête de dommages; cette méthode est dite «indirecte», car la relation entre l'action sismique et la réponse est établie à travers l'indice de vulnérabilité. La méthode utilise les paramètres importants de la construction recueillis de l'enquête sur le terrain. Il y a onze paramètres totaux, qui sont chacun identifié comme ayant l'un des quatre coefficients de qualification, K_i, en conformité avec les conditions de qualité - de A (optimale) à D (défavorable) - et sont pondérés pour tenir compte de leur importance relative. L'indice de vulnérabilité globale de chaque bâtiment est ensuite évalué en utilisant la formule suivante:

$$= \sum \qquad (3.1)$$

L'indice de vulnérabilité varie de 0 à 382,5, mais il est généralement normalisé de 0 à 100, où 0 représente les bâtiments les moins vulnérables et 100 les plus vulnérables. Les données provenant de séismes passés sont utilisées pour calibrer les fonctions de vulnérabilité liées à l'indice de vulnérabilité (I_v) à un facteur global de dommage (**d**) des bâtiments avec la même typologie, pour une même intensité macrosismique ou même A_{max} du sol. Le facteur de dommages est supposé négligeable pour des valeurs de A_{max} inférieures à un seuil donné et il augmente de façon linéaire jusqu'à un A_{max} d'effondrement, d'où il prend une valeur de 1 (cf. figure 3.2).

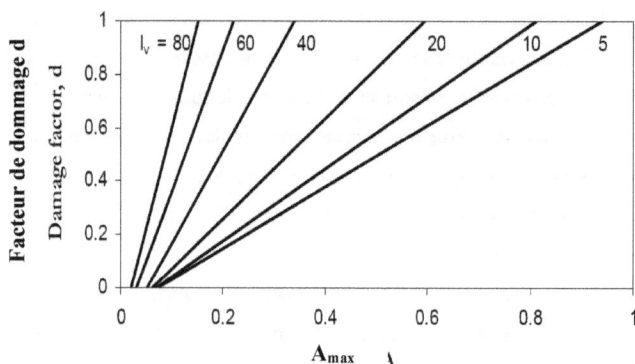

Figure 3.2 : fonctions de vulnérabilité liées aux facteurs dommages (**d**) et à l'accélération maximale du sol (A_{max}) pour différentes valeurs de l'indice de vulnérabilité (I_v). **[23]**

Le principal avantage des méthodes «indirectes» de l'indice de vulnérabilité, c'est qu'elles permettent la détermination des caractéristiques de vulnérabilité du parc immobilier à l'étude, plutôt que de fonder la définition de vulnérabilité sur la typologie seule. Néanmoins, pour être appliquée la méthode nécessite encore un jugement d'expert pour les coefficients et pour les pondérations appliquées dans le calcul de l'indice ce qui génère un degré d'incertitude qui n'est généralement pas pris en compte. En outre, pour que l'évaluation de la vulnérabilité des bâtiments sur une grande échelle (par exemple, national) soit effectuée à l'aide des indices de vulnérabilité, un grand nombre de bâtiments qui sont censés représenter le patrimoine immobilier national doivent être évaluées et couplées aux données de recensement. Dans un pays où ces données ne sont pas déjà disponibles, notamment au Maroc, le calcul de l'indice de vulnérabilité serait une tâche très laborieuse.

3.2.2   Les méthodes mécaniques / analytiques :

L'émergence d'équations d'atténuation en termes d'ordonnées spectrales et la dérivation de cartes de risque sismique à partir de ces même paramètres, par opposition à l'intensité macrosismique ou à l'A_{max}, a non seulement satisfait l'amélioration susmentionnée des méthodes empiriques, mais aussi donné lieu au développement de méthodes analytiques. Les algorithmes de ces méthodes ont tendance à être plus détaillés et transparents avec une signification physique directe, qui permettent non seulement d'entreprendre des études de vulnérabilité détaillées, mais aussi de répondre à l'étalonnage simple de diverses caractéristiques du parc immobilier. Cela fait que ces méthodes analytiques sont largement utilisées pour des études paramétriques qui visent le calibrage de la planification urbaine, du renforcement, et des plans d'urgence.

3.2.2.1   La méthodologie HAZUS :

HAZUS (*Hazard US*) est une méthodologie développée par le NIBS (*National Institute of Building Science*) et supportée par la FEMA (*Federal Emergency Management Agency*). La méthodologie fut implémentée sous forme de logiciel interactif public. Dans cette méthodologie l'intensité macrosismique a été remplacée par l'accélération ou le déplacement spectral pour quantifier l'intensité sismique. Ces paramètres sont représentés par le spectre de réponse ou par l'A_{max} du sol. Ces données sont associées à un niveau d'endommagement, défini et décrit pour chaque type d'enjeux considéré (TABLEAU 3.2). On fait remarquer que l'EMS-98 fournit des courbes de fragilité donnant le niveau d'endommagement en fonction de l'intensité macrosismique. Cependant, la méthodologie conserve une certaine dépendance par rapport aux jugements des ingénieurs et des opinions des experts dans l'estimation des degrés de dégâts.

TABLEAU 3.2 : DEFINITION DES DEGRES DE DOMMAGES DANS LA METHODOLOGIE HAZUS. [3]

Niveau de dommages	Personnes	Bâtiments	Structures vitales
Aucun	Pas de blessés	Pas de dommages	Pas de dommages
Léger	Blessés légers nécessitant des soins médicaux de base sans hospitalisation	Léger endommagement structurel	Léger endommagement structurel
Modéré	Les blessures requièrent des soins poussés voire une hospitalisation	Endommagement structurel modéré	Endommagement structurel modéré
Important	Blessures sévères pouvant entraîner la mort si elles ne sont pas soignées de manière adéquate rapidement	Endommagement structurel important	Endommagement structurel important
Total	Mort instantanée ou blessure fatale	Endommagement structurel total, ruine	Endommagement structurel total

Le programme se caractérise par une structuration modulaire et multi-niveaux d'analyse. Il présente les caractéristiques suivantes:

❖ Le programme présente six modules indépendants: l'inventaire des enjeux, l'analyse de l'aléa, l'estimation de dommages directs, l'estimation de dommages indirects, pertes économiques directes et indirectes ;

❖ Les résultats sont représentés sous forme d'une carte intégrée dans un SIG ;

❖ Le logiciel permet trois niveaux d'analyse: le premier niveau basé sur les données initialement insérée dans la base de données du programme, le deuxième niveau basé sur les données insérées par l'utilisateur, et le troisième niveau basé sur des données complémentaires relatives aux inventaires, aux paramètres techniques de construction ainsi qu'aux coûts économiques ;

❖ Le module des enjeux définit quatre types d'enjeux: le bâti courant, les constructions spéciales, les infrastructures de transport et les réseaux d'eau, d'énergie et de communication. Pour le bâti courant, il définit 38 typologies des constructions sur la base de leur système structural et de leur hauteur ;

❖ L'étude de l'aléa concerne la détermination du mouvement du sol, l'analyse du potentiel de liquéfaction du sol, le glissement du terrain, la rupture des failles en surface. Le mouvement du sol est caractérisé par le spectre de réponse, l'A_{max} et la V_{max}. Il est défini

44

au choix par une approche déterministe et probabiliste. L'approche déterministe se présente sous trois types de calcul. La première est basée sur le choix d'une source sismique à partir d'un inventaire précis de toutes les failles sismiques existantes accompagné de toutes les informations sismiques et géotectoniques des failles. Le deuxième type de calcul est basé sur le choix d'un séisme déjà réalisé. Une base de données de séismes avec leur magnitude doit être disponible. Le troisième type est basé sur la définition d'un événement sismique arbitraire ou artificiel en spécifiant par exemple son épicentre, sa profondeur, le type et l'orientation de la faille ainsi que sa magnitude. La seconde approche dite probabiliste, elle est définie à partir des cartes développées de zonage sismique. Cette approche permet également de spécifier un spectre de réponse.

Finalement, quelle que soit l'approche, le mouvement du sol est atténué par rapport à la distance à l'épicentre en utilisant des relations d'atténuation en fonction des régions et des types de sols de ces dernières. Le signal peut également être amplifié en tenant en compte l'effet de site (conditions locales du site),

❖ L'analyse des dommages directs par le logiciel, dans le cas des bâtiments courants, est basée sur la méthode du spectre de capacité et les courbes d'endommagement ou courbes de fragilité. La méthode consiste donc à évaluer l'endommagement que peut subir un bâtiment sous l'effet d'une action sismique prédéfinie. Les courbes de spectre de capacité indiquent le comportement d'un bâtiment sous l'action d'une sollicitation sismique quelconque. Les courbes de fragilité décrivent le niveau de dommages probables dus à l'action sismique imposée sur une échelle discrète de degré de dégâts qu'on peut appeler fonction de vulnérabilité. Le second type de courbes indique la probabilité d'atteindre un niveau donné de dommages, et est donné en général en termes de classes de bâtiment et non pour un bâtiment individuel. HAZUS utilise cinq degrés de dégâts, ou niveaux de dommages pour les éléments structurels, qui sont: D_0, pour l'absence de dommages; D_1, pour les dommages légers, D_2, pour les dommages modérés, D_3, pour les dommages importants et D_4 pour les dommages totaux.

❖ Les courbes de capacité expriment la relation entre la capacité portante, en général la résultante de l'effort tranchant à la base du bâtiment, en fonction du déplacement total au sommet de l'édifice. Cette courbe définit donc la performance du bâtiment jusqu'à la rupture et est obtenue à l'aide d'une part de modèles mathématiques des caractéristiques géométriques et mécaniques du bâtiment et d'autre part par une analyse statique non linéaire jusqu'à la rupture appelée 'Pushover'. Ces courbes sont transformées en terme d'accélération spectrale, S_a, et déplacement spectral, S_d et sont appelées courbes de

45

spectre de capacité. Ces courbes vont nous permettre de comparer la demande (sollicitation sismique imposée) à la performance (déplacement maximal du bâtiment) (figure 3.3). Dans le cas du programme HAZUS, les courbes de capacités présentées sont sous la forme simplifiée bilinéaire pour chaque type ou classe de bâtiment.

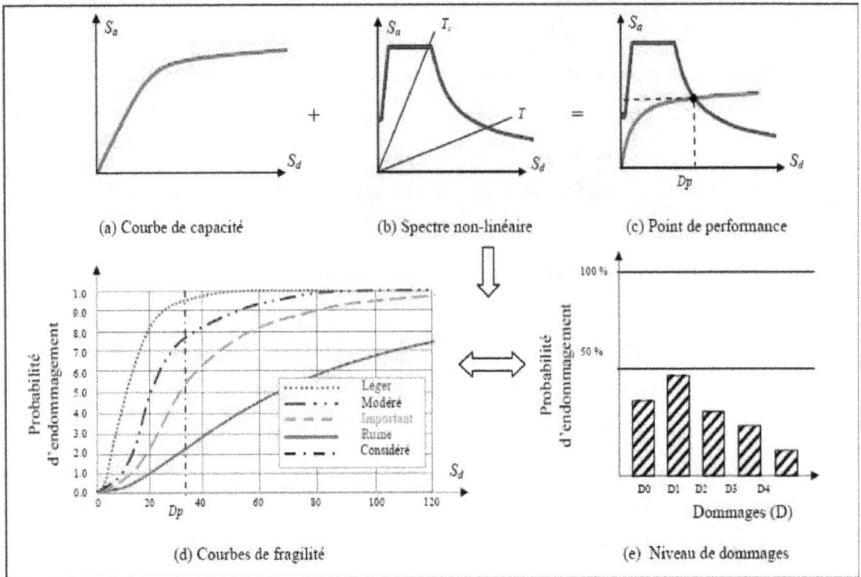

Figure 3.3 : (a) courbe de capacité, (b) spectre non-linéaire, (c) point de performance, (d) courbes de fragilité, (e) niveau de dommages. **[3]**

❖ Les courbes de fragilité définissent la probabilité d'atteindre ou de dépasser un certain niveau de dommages, structurels ou non structurels, pour une valeur donnée du déplacement correspondant au point de demande. Dans le cas du programme HAZUS, ces courbes ont été mises au point à partir d'extrapolations des données liées aux dommages observés, sur avis d'experts ainsi que sur des tests de laboratoire. Ces courbes ont été calibrées ensuite, avec des données consécutives aux séismes de Loma Prietta (1989) et de Northridge (1994). C'est l'une des raisons que les courbes ne peuvent pas être directement exploitées pour tous les pays et en l'occurrence pour un pays à sismicité modérée comme le Maroc. L'endommagement est modélisé par une distribution normale cumulée du logarithme (distribution log-normale) du déplacement spectral S_d donné.

46

Ainsi pour un niveau de dégâts **ds** provoqué par un déplacement spectral S_d donné, la probabilité d'endommagement, **P (ds/S_d)**, s'exprime à travers la formule suivante:

$$/ \quad = \quad \emptyset \quad , \quad , \quad (3.2)$$

Avec: / est la probabilité d'obtenir un niveau de dégât donné **ds** pour un déplacement spectral S_d, Φ est la distribution normale cumulée, $S_{d,ds}$, le logarithme de la valeur moyenne de déplacement d pour le niveau d'endommagement fixé à **ds**, β_{ds} est le logarithme de l'écart-type du déplacement d pour le niveau d'endommagement ou degré de dégât **ds**.

Ce calcul est répété pour chaque classe de bâtiment et exige une analyse détaillée d'un grand nombre de bâtiments représentatifs de la classe considérée. Les valeurs moyennes du déplacement spectral sont obtenues à partir de l'observation des plages des déplacements associées à chaque degré de dégât. L'écart-type prend en compte les incertitudes liées aux valeurs moyennes du déplacement ainsi qu'à la sollicitation sismique. Les courbes de fragilité expriment donc le déplacement spectral S_d en fonction de la probabilité d'endommagement. Dans une telle courbe, on dit qu'un pourcentage de bâtiments par rapport au nombre total de bâtiments dans la classe considérée, sont susceptibles de subir un degré d'endommagement donné sous l'action d'un séisme ou d'un déplacement spectral donné.

3.2.2.2 La méthodologie RISK-UE :

Le programme **RISK-UE**, à l'image d'**HAZUS**, est un programme d'évaluation du risque sismique à l'échelle européenne. L'étude a débuté en janvier 2001, et s.est étalée sur une période de trois ans. Elle a été pilotée par des institutions universitaires et des organismes de recherches, et a abouti à une méthodologie d'analyse du risque sismique du bâtiment existant et historique en Europe.

Sept villes ont fait l'objet de l'étude: Nice (France), Barcelone (Espagne), Catania (Italie), Sofia (Bulgarie), Bucarest (Roumanie), Thessalonique (Grèce) et Bitola (Macédoine). La méthodologie a passé par l'établissement d'un inventaire complet de tous les éléments à risque. Comparé à **HAZUS**, le modèle inclue une nouveauté par la prise en compte des anciens centres urbains, les monuments et les bâtiments historiques. Le programme **RISK-UE** est modulaire et représente la première alternative à ce jour du programme **HAZUS**.

Les principales remarques qu'on peut tiré concernant le programme **Risk-UE** sont :

❖ Chaque équipe a développé des courbes de fragilité, qui sont basées sur une analyse de spectre de réponse, elle-même basée sur un spectre de réponse spécifique au site ou à la région étudié.

Par conséquent, chaque équipe s'est appuyée sur une ville ayant un spectre largement différent des autres. Le modèle ne permet pas de comparer les courbes de fragilité en spécifiant les spectres de réponse et les paramètres adoptés pour chacun. La demande ainsi calculée sera influencée par cette donnée et donc les degrés de dégât calculés.

❖ Ces coefficients de réduction présente une source non négligeable de dispersion des résultats selon la formulation adoptée. Dans certaines zones on a des différences de l'ordre de 10 à 20% selon la formulation adoptée.

❖ Les différentes hypothèses auraient pu être explicitées avec plus d'attention afin d'expliquer les différences parfois substantielles entre les spectres de capacité donnés par les modèles. Par exemple, pour les courbes relatives à la classe RC1M PC, RC1M LC, RC1H LC. Dans tous les cas, les différences sont importantes.

❖ Le modèle, tel qu.il est présenté, souffre d'un certain manque d'uniformité et de concordance dans les données, les méthodes utilisées et les résultats obtenus, ce qui prouve que les équipes ont travaillé de façon indépendante. Le modèle ne présente aucune étude critique sur les différences de résultats obtenues.

❖ La plupart des modèles numériques utilisés pour développer les courbes de capacité sont des méthodes relativement complexes s'appuyant sur des modèles éléments finis bi et tridimensionnel, à l'exception de l'équipe **IZIIS**. Cette dernière a étudié 52 bâtiments avec un modèle simplifié (oscillateur simple) ; par conséquent on peut juger que ce nombre est insuffisant. Il est important de connaître la manière dont ont été développées les courbes de fragilité qui nécessitent un grand nombre de bâtiments analysés.

❖ Les courbes de fragilité dans le programme **Risk-UE** sont construites tel que l'endommagement est modélisé par une distribution normale cumulée du logarithme (distribution log-normale) du déplacement spectrale S_d donné. Ainsi pour un niveau de dégâts ds provoqué par un déplacement spectral S_d donné, la probabilité, la probabilité d'endommagement, P (**ds/S_d**), s'exprime à travers une formule identique à l'équation (3.2).

3.2.2.3 La méthode basée sur le déplacement total :

Cette méthodologie utilise les déplacements comme indicateur fondamental de prédiction des dommages et une représentation spectrale de la demande du tremblement de terre. Cette procédure utilise les principes de la méthode directe de conception basée sur les déplacements, dans laquelle une structure à plusieurs degrés de liberté est modélisée comme un système à un seul degré de liberté (cf. figure 3.4). Les différents profils de déplacement sont représentés selon le mécanisme de rupture ou selon le profil de déplacement à un état limite donné, tout en utilisant les propriétés géométriques et matérielles des structures à l'intérieur d'une classe de bâtiment. Pour les portiques en béton armé, les capacités de déplacement latéral du poteau (étages souples) et de la poutre fléchie (dommages distribués) sont considérées comme des mécanismes de rupture (cf. figure 3.5). Cette approche est particulièrement appropriée pour les études d'estimation des pertes ; car favorable à une adaptation directe aux caractéristiques d'un parc immobilier donné et se prête très bien à des études paramétriques répétitives.

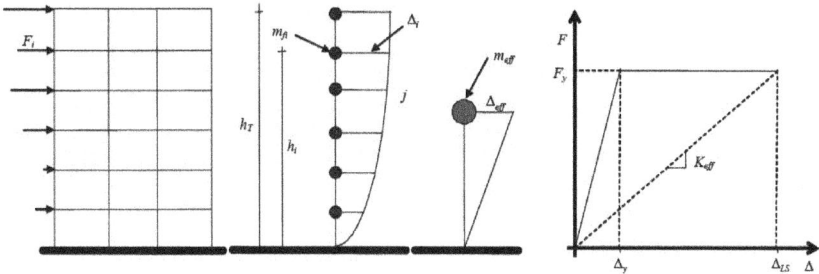

Figure 3.4 : Modèle simplifié pour un système à un seul degré de liberté équivalent. **[23]**

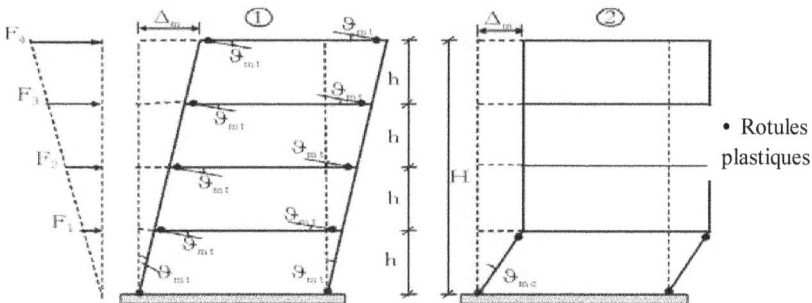

Figure 2.5 : les mécanismes de réponse de dommages distribués (1) (*beam-Sway*) et étage souple (2) (*column-sway*). **[23]**

Pour la simplification du calcul, le bâtiment est ramené à un oscillateur simple équivalent correspondant au mode fondamental de vibration propre du bâtiment.

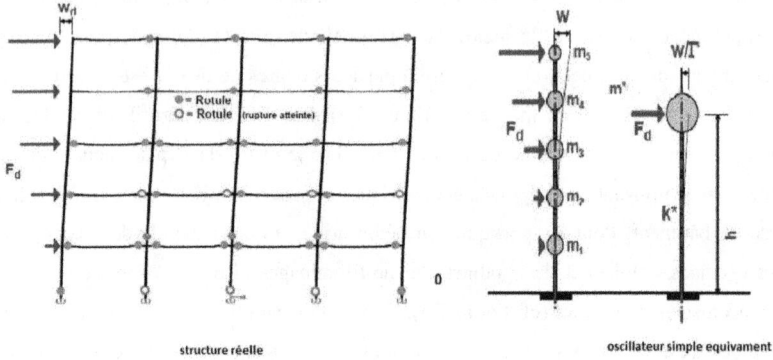

structure réelle   oscillateur simple equivament

Figure 3.6 : Oscillateur simple équivalent correspondant au mode fondamental de vibration propre du bâtiment.

Cette forme de déformée peut être représentée par un vecteur Φ dont les n composantes correspondent aux déplacements des n dalles d'étage du bâtiment. Ce vecteur est normalisé pour une valeur unitaire $\Phi_n = 1$ de la composante n; n étant l'indice du point de contrôle (normalement la dalle de toiture).

La masse de l'oscillateur simple équivalent se calcule comme suit:

$$ {}^{*} \quad \Gamma \quad \cdot \qquad (3.3) $$

Avec: $\qquad \sum \quad \cdot \quad / \qquad$ (3.4)   *Facteur de participation*

$\qquad \qquad \qquad \cdot \quad \cdot \qquad$ (3.5)   *Masse généralisée*

La force agissant sur l'oscillateur simple de remplacement devient :

$$ {}^{*} \qquad {}^{*} \cdot \quad \cdot \qquad (3.6) $$

Les forces agissant sur l'ouvrage conformément à la forme propre fondamentale sont :

$$ \cdot \quad \cdot \quad \cdot \quad \cdot \qquad (3.7) $$

Pour la détermination de la résistance sismique de l'ouvrage, il faut calculer la courbe de capacité. Dans ce but, des forces proportionnelles au vecteur de force F, défini ci-dessus, sont appliquées à toutes les masses d'étage. Partant de zéro, elles sont progressivement augmentées jusqu'à la rupture des éléments de structure. La courbe de capacité représente la relation entre le déplacement w_n du point de contrôle et la force $F*$.

Le facteur de conformité α_{eff} est défini par:

$$ = \quad ^* \; , \; / \quad ^* \qquad (3.8) \; \textit{Facteur de conformité} $$

Dans cette définition, le déplacement limite $w^*_{R,d}$ est le déplacement modal divisé par le coefficient de sécurité γ_D:

$$ ^* \, , \; = \quad ^* / \qquad (3.9) \; \textit{Déplacement limite} $$

$$ ^* = \quad / \qquad (3.10) \; \textit{Déplacement modal} $$

$$ w_n \qquad (3.11) \; \textit{Déplacement du point de contrôle} $$

Le déplacement cible $w*d$ est déterminé à partir du spectre de dimensionnement élastique en déplacement:

$$ ^* \; = \qquad (3.12) \; \textit{Déplacement cible} $$

En présence d'ouvrages non symétriques, l'action sismique doit être appliquée aussi bien dans la direction positive que dans la direction négative. La plus petite valeur de α_{eff} est alors déterminante.

3.2.3   Les méthodes hybrides :

Les matrices hybrides de probabilité de dommages combinent les statistiques sur les dommages post-tremblement de terre avec des statistiques analytiques des dommages simulées à partir d'un modèle mathématique de la typologie des bâtiments étudiés. Les modèles hybrides peuvent être particulièrement avantageux lorsqu'il y a un manque de données sur les dommages à certains niveaux d'intensité pour la zone géographique considérée, et ils permettent également l'étalonnage du modèle analytique à effectuer. En outre, l'utilisation des données d'observation réduit la complexité du calcul informatique qui serait nécessaire pour produire un ensemble complet de courbes analytiques de vulnérabilité de DPM.

La principale difficulté dans l'utilisation de méthodes hybrides est probablement liée à l'étalonnage des résultats analytiques, estimant que les deux courbes de vulnérabilité incluent différentes sources d'incertitude et ne sont donc pas directement comparables. Dans les courbes analytiques, les sources d'incertitude sont clairement définies lors de la génération des courbes tandis que les sources spécifiques et les niveaux de variabilité dans les données empiriques ne sont pas quantifiables.

3.2.4   Domaine d'application des méthodes :

Les méthodes empiriques sont les plus simples, mais nécessitent une large base de données sur les dégâts d'anciens tremblements de terre avec différentes intensités et dans différentes régions et ne sont valables que pour des bâtiments similaires à ceux de la base de données. Il est à signaler qu'il est hasardeux d'extrapoler les résultats pour des intensités non comprises dans la base de donnée, et tout particulièrement surtout pour les séismes d'intensité plus élevée. En raison de leur simplicité, elles sont largement utilisées pour les études de vulnérabilité des agglomérations ou quartiers.

Par contre, les méthodes de vulnérabilité analytiques qui sont en plein essor sont un peu moins adapté a cette exercice car nécessitant un grand effort de modélisation. Ces méthodes se prêtent très bien à l'analyse de vulnérabilité de bâtiments isolés quand cela est nécessaire (TABLEAU 3.3).

Cela montre même une certaine complémentarité entre les deux méthodes, car les méthodes analytiques peuvent procéder à une analyse plus poussée d'un bâtiment ayant été révélé dangereux par une analyse empirique. Les spécialistes appellent cela une analyse de vulnérabilité à deux niveaux.

Ces méthodes, qu'elles soient empiriques ou analytiques, doivent être étalonnées à l'aide des données de dommages causés par les tremblements de terre passés, si possible, et mises à jour à partir des données provenant de tremblements de terre éventuels qui se produiraient dans le future.

TABLEAU 3.3 : DOMAINES D'APPLICABILITE DES METHODES DE VULNERABILITE. **[4]**

	Augmentation des moyens mis en œuvre →				
Echelle d'analyse	Plusieurs centaines de bâtiments		Quelques bâtiments		Bâtiments individuels
Méthodes	Echelle d'intensité macrosismique	Indice de vulnérabilité	Avis d'experts	Calculs analytiques simples	Analyse numérique - Modélisation
Applicabilité	Ville - Commune - Quartiers - Parcs immobiliers - Bâtiments stratégiques				
Moyens humains	Sans formations - Etudiants - Techniciens - Ingénieurs - Ingénieurs confirmés				

CHAPITRE 4

PROPOSITION D'UNE METHODE POUR L'ETUDE DE VULNERABILITE DE LA VILLE DE RABAT

4.1 Caractérisation de la sismicité de la ville de Rabat :

4.1.1 Cadre géomorphologique de la région :

La ville de Rabat est située sur une vaste plaine alluvionnaire, ce qui fait que sa topographie est principalement formée par des dunes de grès avec une forme ondulée dans le sens de l'océan Atlantique.

La zone étudiée se compose principalement de roches très dures à la base (schistes, roches cristallines et de la craie), sur lesquelles est fixé un dépôt de calcaire quaternaire perméable. A la surface, on trouve le grès et un sol sableux appelé sable rouge de Rabat. L'épaisseur de la terre rouge diminue en allant au sud vers l'océan Atlantique. Le sol de Rabat est aussi caractérisé par l'existence de quelques poches remplies par des sédiments très mous situées en abondance dans le grès. (Voir la carte géologique en Annexe 2, figure A2.3)

4.1.2 L'aléa sismique local :

La ville de Rabat connaît une activité sismique modérée, et pour cause elle est classée par la carte de zonage national des accélérations horizontales adoptée par le RPS2008 en Zone 3, ce qui correspond à une accélération de 0.1g pour une probabilité de retour de 10% en 50 ans (la carte de zonage est montrée en Annexe 2, figure A2.2).

4.1.3 Evaluation de l'effet de site par les périodes dominantes du sol :

Afin d'estimer l'effet de site dans la ville de Rabat, une équipe du laboratoire de géophysique du centre national de recherche a utilisé une méthode simple et peu coûteuse, dite méthode (H/V), décrite par Nakamura (1989, 2000). Cette méthode consiste à enregistrer le bruit de fond sismique urbain pendant quelques minutes et en divisant le spectre de la composante horizontale par celle de la composante verticale du bruit ambiant.

Ce rapport spectral représente une nouvelle fonction de transfert du site et nous permet de déterminer la période dominante et la valeur relative d'amplification qui correspond au pic de la courbe de rapport spectral. Cette méthode a été testée expérimentalement et théoriquement sur de nombreux sites dans le monde et a donnée satisfaction.

Un quadrillage de la ville comptant 250 points de mesure a été fait (voir annexe 2) pour aboutir à deux cartes qui reflètent la répartition des périodes dominantes (figure A2.4) et les facteurs d'amplification dans la ville de Rabat (figure A2.5).

Interprétation de la distribution des facteurs d'amplification :

On constate, par la lecture des valeurs du facteur d'amplification, que globalement la ville de Rabat connaît une amplification des ondes sismiques, où ce facteur est globalement compris entre 1 et 5 avec vingt valeurs dans la plage de 5 à 7 et seulement 4 valeurs supérieures à 7. La plupart des valeurs supérieures à 5 sont enregistrées dans des sites dont la topographie est convexe ou bien des sites limitrophes à l'élévation de la vallée du Bouregreg.

On peut dire donc que la ville de Rabat est sujette à un effet de site important, qui peut être dû à la nature alluvionnaire de la couche supérieure du sol, mais aussi aux mouvements topographiques prés de la rivière de Bouregreg où les facteurs d'amplification les plus importants ont été constatés.

4.2 Méthodologie proposée pour l'évaluation de la vulnérabilité de la ville de Rabat :

La méthode la plus utilisée dans le cas d'évaluation de vulnérabilité à l'échelle de grande agglomération est celle de l'indice de vulnérabilité. Cette méthode peut s'avérer laborieuse dans le cas de la ville de Rabat car les facteurs de qualification et coefficients de pondération des éléments caractéristiques de la structures ne sont pas établis pour le bâti Marocain.

Aussi, on a opté pour l'utilisation de fonctions de vulnérabilité dérivées empiriquement à partir des dommages causés par les séismes antérieurs, méthode ayant déjà fait ses preuves pour l'évaluation de la vulnérabilité de la ville de Chlef en Algérie.

Pour ce faire, on procède suivant plusieurs étapes :
1) Détermination de l'accélération horizontale maximale au sol à partir de la carte de zonage sismique national. Si une analyse plus fine de l'aléa régionale est disponible on peut adopter ses valeurs.

2) Caractérisation de la fonction de transfert du sol en déterminant le facteur d'amplification k et la période propre du sol Ts. On peut aussi adopter le spectre de réponse du sol si une classification des différents sols existe.

3) Classification des bâtiments de la zone étudiée en classes homogènes. Les bâtiments endommagés par les séismes précédents, notamment celui d'Al Hoceima, doivent être annexés à ces mêmes classes.

4) Exploitation des fiches d'évaluation des dommages, supposées déjà faites, de bâtiments soumis à différents degrés d'intensités de V à X par exemple. Pour évaluer le pourcentage moyen d'endommagement de chaque bâtiment on utilise la théorie des ensembles flous.

Les sous-ensembles flous (ou parties floues) ont été introduits afin de modéliser la représentation humaine des connaissances, et ainsi améliorer les performances des systèmes de décision qui utilisent cette modélisation.

Les sous-ensembles flous sont utilisés soit pour modéliser l'incertitude et l'imprécision, soit pour représenter des informations précises sous forme lexicale assimilable par un système expert.

On souhaite définir une partie A floue de E en attribuant aux éléments x de E un degré d'appartenance, d'autant plus élevé qu'on souhaite exprimer avec certitude le fait que x est élément de A. Cette valeur vaudra 0 si on souhaite exprimer que x de façon certaine n'est pas élément de A, elle vaudra 1 si on souhaite exprimer que x appartient à A de façon certaine, et elle prendra une valeur comprise entre 0 et 1 suivant qu'on estime plus ou moins certain l'appartenance de x à A.

Pour utiliser cette théorie dans notre méthode, il faudra prendre l'ensemble E comme l'ensemble des niveaux de dommages, et l'élément x est l'état de dommage réel, ainsi l'analyse des formulaires de l'enquête sur le terrain permet de calculer le taux de dommage qui définit l'appartenance d'un bâtiment à un niveau de dommage.

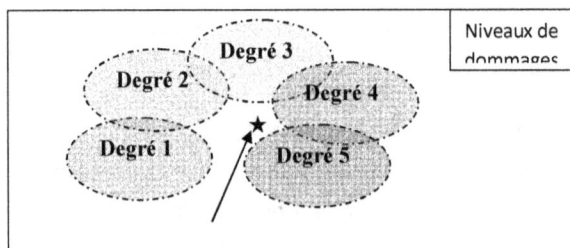

Figure 4.1 : illustration d'exemple d'ensembles flous

5) Développement des courbes de vulnérabilités donnant le pourcentage moyen des dommages pour un niveau donné d'accélération pour chacune des classes de bâtiments. On utilise une relation de corrélation pour convertir l'intensité en accélération au sol.

6) Ces courbes de vulnérabilités tracées à partir des données de bâtiments d'AL Hoceima, seraient parfaitement valables pour les bâtiments de Rabat de même classe.

4.3 Données nécessaires pour l'étude:

Lors de notre étude, on a exploré plusieurs pistes pour arriver à une évaluation complète de la vulnérabilité de la ville de Rabat mais nous nous sommes toujours confronté à un manque de données. Dans ce qui suit, un inventaire des données ou moyens devant être étudiés pour rendre possible une telle étude :

❖ Typologie du bâtit :

Il est nécessaire d'entreprendre une étude à large échelle sur les types de bâtiments existants à Rabat (ou dans la zone à étudier) portant sur le système structural, les matériaux de constructions et leur destination. Une telle étude permet d'avoir une idée globale sur le parc immobilier de la ville et le classer en catégories homogènes pour pouvoir cibler un échantillon qui soit représentatif des bâtiments existants.

❖ Classification des types de sol en fonction de leur spectre de réponse :

Une classification des sols en catégories suivant leur spectre de réponse est une donnée très précieuse. En effet, la connaissance du type de sol permettrait de connaître directement sa réponse dynamique selon la catégorie dans laquelle il est classé.

❖ Données sur la corrélation en entre l'intensité et l'accélération au sol :

Cette corrélation pour l'obtention des courbes de vulnérabilités qui sont dessinées pour des variables continues comme l'accélération, ce qui rend impossible l'exploitation des courbes isoséistes disponibles du séisme d'El Hoceima.

❖ Une étude des bâtiments endommagés à El Hoceima :

Une étude détaillée des degrés de dommages subis par les bâtiments d'al Hoceima au cours du séisme de 2004 consiste une base de données très précieuse qui permettrait de développer plusieurs méthodes de vulnérabilité selon le degré de perfection recherché.

Elle peut aussi servir d'étalon pour vérifier la validité des résultats que pourrait donner une analyse basée sur la modélisation dynamique non linéaire des bâtiments.

CONCLUSION

L'étude de vulnérabilité sismique des bâtiments est une discipline relativement récente qui connaît toujours l'émergence de nouvelles méthodes. Si les méthodes empiriques développées en premier lieu admettaient une marge d'erreur non négligeable, les méthodes analytiques, favorisées par le développement des moyens de modélisation informatiques, commencent à donner des résultats beaucoup plus précis.

Ceci dit, ramenée à l'échelle d'une ville, l'étude de vulnérabilité ne vise pas à réaliser des prévisions très précises des dommages probables, mais plutôt à avoir des estimations servant à identifier les quartiers les plus sensibles de la ville. La finalité de cette démarche est d'entreprendre des mesures d'atténuation dans les zones les plus vulnérables comme le renforcement des structures, la démolition des bâtiments menaçant et surtout l'élaboration de plan d'intervention d'urgence en cas de séisme.

Une étude de cas sur la ville de Rabat était envisagée, mais l'absence de données de dommages et de typologie du bâti propre au Maroc a été un obstacle de taille, rendant impossible une étude de vulnérabilité fiable et réaliste. On s'est donc contenté de proposer une méthodologie qu'on a jugé adaptée au contexte national, agrémentée d'une constatation sommaire de facteurs de vulnérabilité relevés sur des bâtiments de Rabat.

Pour palier à ce manque, plusieurs démarches seraient intéressantes à entreprendre, à commencer par une étude typologique des bâtiments existants au Maroc pour aboutir à une classification représentative du contexte national.

L'étape suivante serait de revenir sur les dommages causés par le séisme d'El Hoceima, par l'examen des photos prises à l'époque, des rapports de l'agence urbaine et en consultant les experts ayant visualisé les dommages in situ. Cela permettrait d'identifier les degrés de dommages subis par les différentes classes de bâtiments suivant les courbes isoséistes ainsi que la proportion de bâtiments endommagés pour chacune des classes.

Cette perspective ouvrirait la voie à des études de vulnérabilité des grandes agglomérations du pays où les données sur l'aléa sismique et l'effet de site sont suffisantes. De telles études serviraient à identifier les points les plus sensibles et entreprendre les mesures d'atténuation nécessaires, pour minimiser les pertes en vies humaines et économiques.

ANNEXES

ANNEXE 1 : L'ANALYSE PUSHOVER

A. Définition de l'analyse pushover :

L'analyse 'pushover' est une procédure statique non-linéaire dans laquelle la structure subite des charges latérales suivant un certain modèle prédéfini en augmentant l'intensité des charges jusqu'à ce que les modes de ruine commencent à apparaître dans la structure.

Les résultats de cette analyse sont représentés sous forme de courbe (voir figureA1.1) qui relie l'effort tranchant à la base en fonction du déplacement du sommet de la structure.

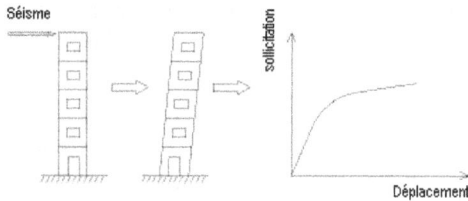

Figure A1.1 : Signification physique de la courbe de capacité.

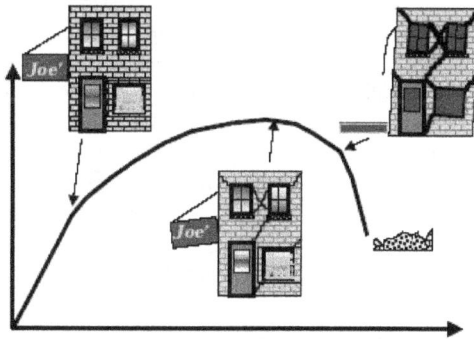

Figure A1.2 : Niveaux d'endommagement décrits par les courbes de capacité.

D'après la figure A1.2 on remarque que la courbe est composée de quatre segments, chaque segment correspond à une étape d'endommagement.

❖ **Le premier niveau** correspond au comportement élastique de la structure et représente le niveau de conception parasismique habituel. Il indique par conséquent un état d'endommagement superficiel (ou bien de non endommagement).

❖ **Le deuxième niveau** d'endommagement correspond à un niveau de dommage contrôlé. La stabilité de la structure n'est pas en danger, mais toutefois un endommagement mineur est susceptible de se développer.

❖ **Le troisième niveau** représente un état d'endommagement avancé, sa stabilité étant en danger. **Au delà de ce niveau**, la structure est susceptible à l'effondrement, ne présentant aucune capacité de résistance.

B. Origine de l'analyse pushover :

L'analyse statique pushover est basée sur l'hypothèse que la réponse de la structure qui peut être assimilée à la réponse d'un système à un seul degré de liberté équivalent, ce qui implique que la réponse est fondamentalement contrôlée par un seul mode de vibration et la forme de ce mode demeure constante durant la durée du séisme.

Les chercheurs ont montré que ces hypothèses donnent de bons résultats concernant la réponse sismique (**déplacement maximale**) donnée par le premier mode de vibration de la structure simulé à un système linéaire équivalent.

C. But de l'analyse pushover :

Le but de l'analyse pushover est de décrire le comportement réel de la structure et d'évaluer les différents paramètres en termes de sollicitations et déplacements dans les éléments de la structure.

L'analyse pushover est supposée fournir des informations sur plusieurs caractéristiques de la réponse qui ne peuvent être obtenues par une simple analyse élastique, on cite :

❖ L'estimation des déformations dans le cas des éléments qui doivent subir des déformations inélastiques afin de dissiper de l'énergie communiquée à la structure par le mouvement du sol.
❖ La détermination des sollicitations réelles sur les éléments fragiles, telles que les sollicitations sur les assemblages de contreventements, les sollicitations axiales sur les poteaux, les moments sur les jonctions poteau-poutre, les sollicitations de cisaillement.
❖ Les conséquences de la détérioration de la résistance des éléments sur le comportement global de la structure ce qui permet de déterminer les points forts et les points faibles de notre structure.
❖ L'identification des zones critiques dans lesquelles les déformations sont supposées être grandes.
❖ L'identification des discontinuités de résistance en plan et en élévation qui entraînent des variations dans les caractéristiques dynamiques dans le domaine inélastique.
❖ L'estimation des déplacements inter-étage qui tiennent compte des discontinuités de la rigidité et de la résistance qui peut être utilisés dans le contrôle de l'endommagement.

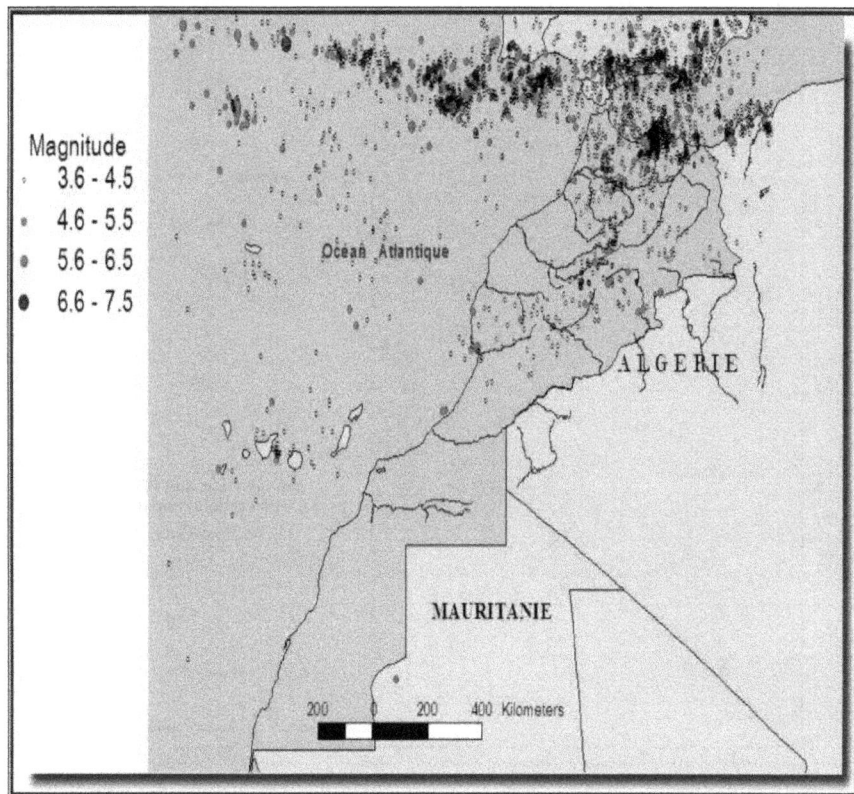

Figure A2.1 : Carte de sismicité du Maroc entre 1901 et 2004 (ne sont représentés que les séismes de magnitude ≥ 3.6), Cherkaoui 2007

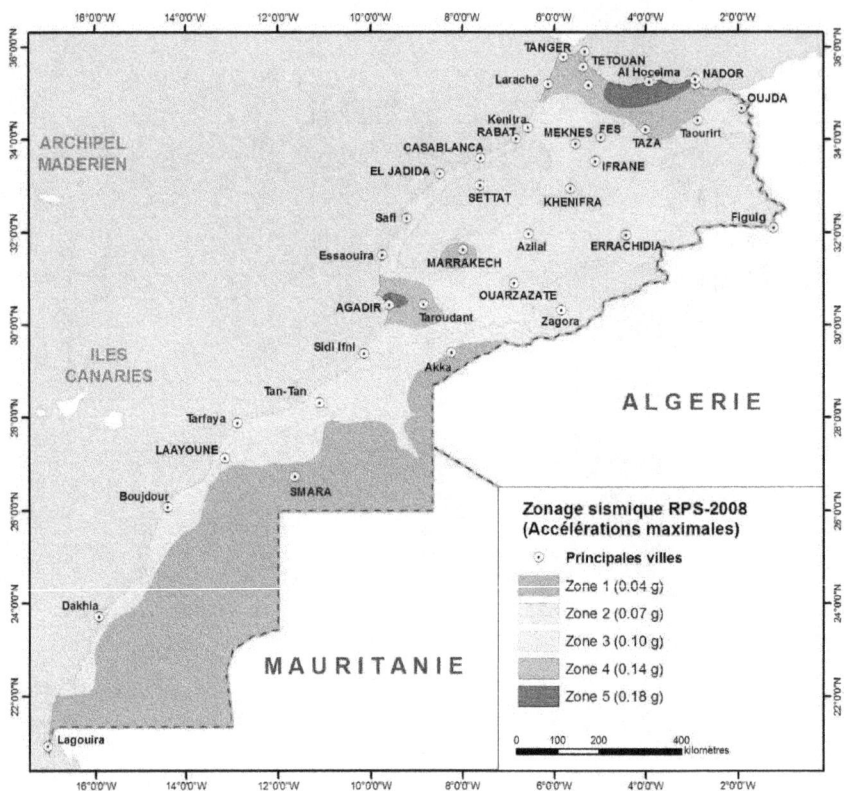

Figure A2.2 : Carte de zonage sismique du Maroc, accélérations horizontales maximales du sol pour une probabilité d'apparition de 10% en 50 ans (RPS 2008)

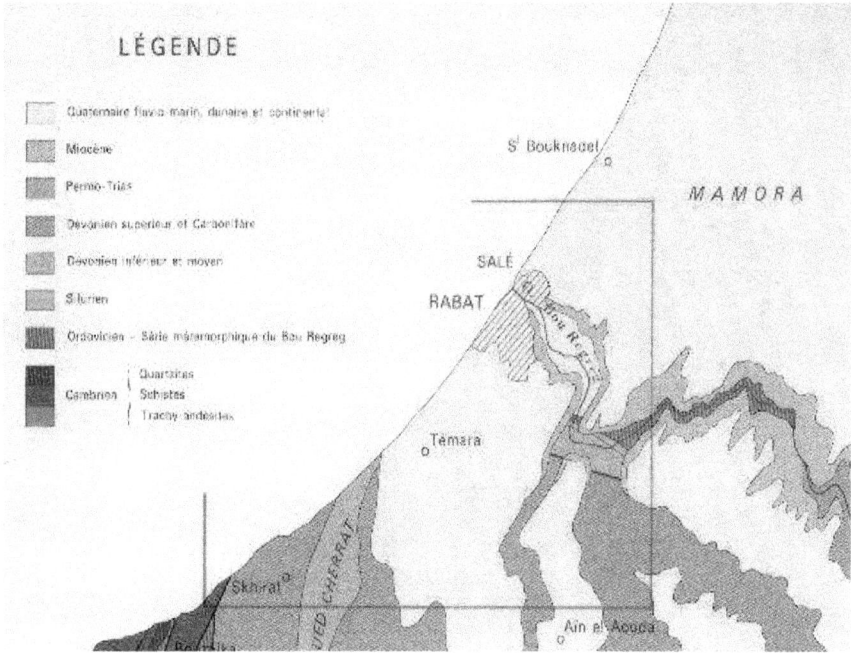

Figure A2.3 : Carte géologique de la région de Rabat. (Seismic site effect estimation in the city of Rabat (Morocco) Said Badrane, Lahcen Bahi, Nacer Jabour and Aomar Iben Brahim)

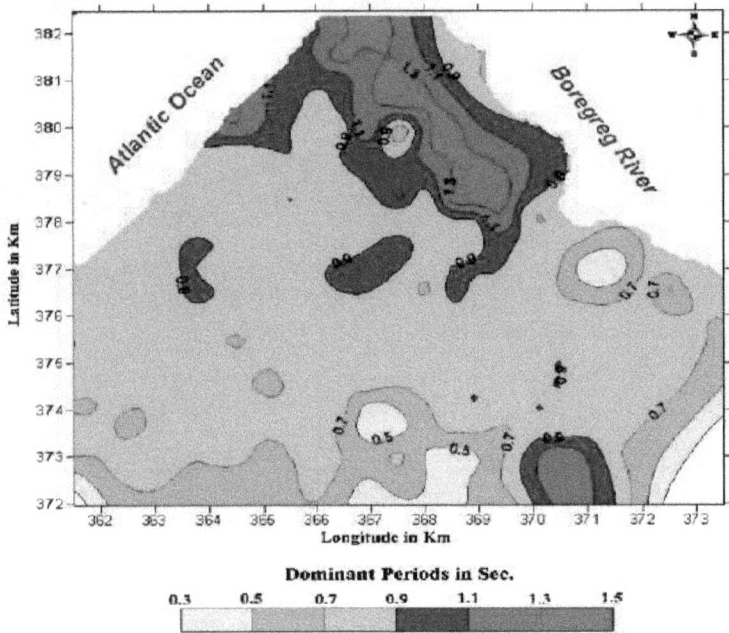

Figure A2.4 : Carte de répartition des périodes dominantes dans la ville de Rabat. (Seismic site effect estimation in the city of Rabat (Morocco) Said Badrane, Lahcen Bahi, Nacer Jabour and Aomar Iben Brahim)

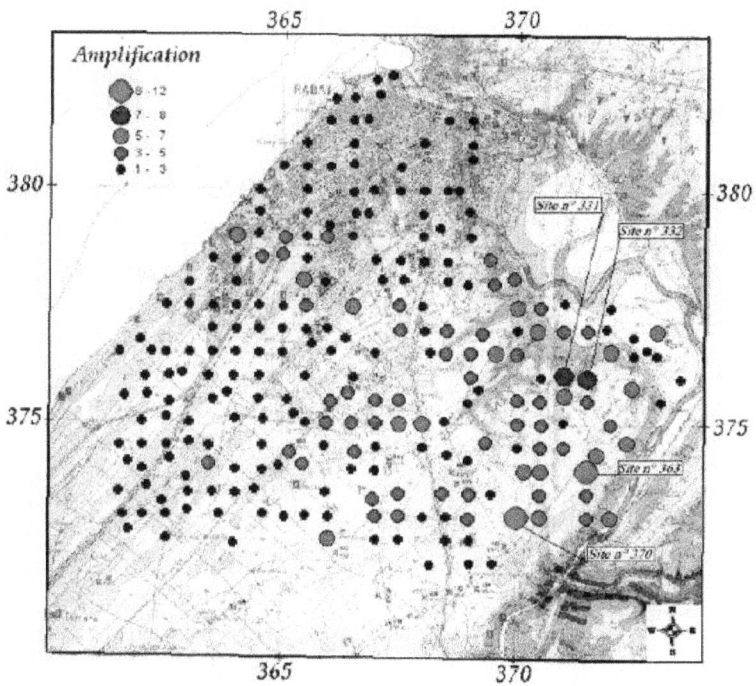

Figure A2.5 : Distribution des facteurs d'amplification de la ville de Rabat. (Seismic site effect estimation in the city of Rabat (Morocco) Said Badrane, Lahcen Bahi, Nacer Jabour and Aomar Iben Brahim)

❖ Etage souple :

Photo A3.1 : Bâtiment présentant un étage souple à cause des différences de hauteur et des ouvertures dans le rez-de-chaussée.

❖ Forme en élévation :

Photos A3.2 :

(a) Minaret d'une mosquée présentant un retrait au sommet, irrégularité en élévation et absence de joint sismique entre ses blocs,

(b) Elément non structural ayant cédé sous l'effet de l'irrégularité en élévation.

(c) Maçonnerie ayant cédé sous l'effet de l'entrechoquement du minaret et du bloc adjacent, non séparés par un joint sismique.

❖ Résistance des poutres :

Photo A3.3 : Poutre de faible section et armatures lisses et insuffisantes.

❖ Résistance des poteaux :

Photo A3.4 : Poteau de faible section par rapport à la poutre et absence d'armatures transversales.

❖ Plastification des nœuds :

Photo A3.5 : Plastification des nœuds sous l'effet du basculement de la dalle.

❖ Eléments non structuraux :

Photo A3.6 : Effondrement du remplissage en maçonnerie en raison de l'absence des poteaux de coin et de la différence des hauteurs entre les deux bâtiments.

❖ Poteaux courts :

Photo A3.7 : Formation de poteau court entre deux fenêtres (cisaillement du poteau).

Photo A3.8 : Vue d'ensemble d'un bâtiment présentant des poteaux courts.

Exemple 1 : Absence de joints sismiques et irrégularité en plan (forme en L) et irrégularité en élévation (retrait total dépassant le retrait maximal permis par le RPS2000)

Exemple 2 : Irrégularité en plan (forme triangulaire, absence de la symétrie) et présence d'étage souple :

Exemple 3 : différence entre les niveaux de deux bâtiments adjacents (lors d'un éventuel tremblement de terre la force horizontale du poids de l'étage agira sur les éléments porteurs du bâtiment adjacent)

Exemple 4 : Eléments non-structuraux

BIBLIGRAPHIE :

Ouvrages et articles :

(1)   **Pr. Tawfik ELOUALI, Pr. Khalid RAMADANE,** *Règlement de construction parasismique (RPS2000)*, ROYAUME DU MAROC, 22 Février 2002.

(2)   **Patrick PIGEON,** *L'efficacité des politiques liées à la gestion des risques dits naturels : lecture géographique,* Résumés des interventions présentées lors du séminaire sous le thème « La réduction de la vulnérabilité de l'existant face aux menaces naturelles », Montpellier, le 8 février 2005.

(3)   **ESRI,** *Quick Guide to HAZUS-MH MR1, White* paper, Juin 2006.

(4)   **Y. BELMOUDEN, P. LESTUZZI,** *Évaluation de la vulnérabilité sismique des bâtiments existant en Suisse,* ENAC-IS-IMAC, EPFL, Lausanne, Suisse, Avril 2006.

(5)   **Mehdi BOUKRI, Mahmoud BENSAÏBI,** *Indice de vulnérabilité des bâtiments en maçonnerie de la ville d'Alger,* 7ème Colloque National AFPS 2007 – Ecole Centrale Paris, 2007.

(6)   **Mahmoud BENSAÏBI, Khalida TADJER, Brahim MEZAZIGH,** *Scénario catastrophe de la ville de Blida,* 7ème Colloque National AFPS 2007 – Ecole Centrale Paris, 2007.

(7)   **Pierino LESTUZZI, Clotaire MICHEL,** *Vulnérabilité sismique à grande échelle de la ville de RENENS,* ENAC-IS-IMAC, EPFL, Lausanne, Suisse, juin 2009.

(8)   **Philippe GUEGUEN,** *Inventaire sismique comme aide à l'évaluation de la vulnérabilité sismique à grande échelle : la méthode VULNERALP,* 7ème Colloque National AFPS 2007 – Ecole Centrale Paris, 2007.

(9)   **Patricia BALANDIER,** *Document d'information à l'usage du constructeur - VOLUME 3,* Direction départementale de l'équipement de la Guadeloupe.

(10)   **D. BOUTAGOUGA, H. HADIDANE,** *Etude des constructions endommagées sous l'action sismique : diagnostique et solutions,* Université Mentouri Constantine, Novembre 2008.

(11)   **Saïd BADRANE, Lahcen BAHI, Nacer JABOUR, Aomar IBEN BRAHIM,** *Seismic site effect estimation in the city of Rabat (Morocco),* Journal of geophysics and engineering, Institute of physics publishing, Juin 2006.

(12)   **Milan ZACEK,** *Guide d'évaluation de la présomption de vulnérabilité aux séismes des bâtiments existants,* Collection conception parasismique - cahier2-a, Les grands ateliers l'Isle-d'Abeau, Mai 2004.

(13)   **Milan ZACEK,** *Vulnérabilité et renforcement, Collection* conception parasismique – cahier 2, Les grands ateliers l'Isle-d'Abeau, Mai 2004.

(14)   **Centre national Algérien de recherche appliquée en génie parasismique (CGS),** *Séisme de Chenoua du 29 octobre 1989 Rapport final,* Ministère de l'habitat, décembre 1995.

(15)   **CGS,** *Risque sismique en Algérie.*

(16)   **Milan ZACEK,** *Construire parasismique: risque sismiques, conception parasismique des bâtiments, réglementation, Editions parenthèses, 1996*

(17)   **Pierino LESTUZZI et Marc BADOUX,** *Génie Parasismique: Conception et dimensionnement des bâtiments, Presses polytechniques et universitaires Romandes, 2008.*

(18)   *Guidelines for Seismic Vulnerability Assessment of Hospitals,* Annex IV: Seismic Vulnerability Factors.

(19)   **Yutaka NAKAMURA,** *On the H/V spectrum, The 14th World Conference on Earthquake Engineering, October 12-17, 2008, Beijing, China.*

(20)   **Sonia GIOVINAZZI and Sergio LAGOMARSINO,** *A macroseismic method for the vulnerability assessment of buildings , The 13th World Conference on Earthquake Engineering, August 1-6, 2004, Vancouver, B.C., Canada.*

(21)   **B. Ozturk,** *Preliminary seismic microzonation and seismic vulnerability assessment of existing buildings at the city of Nidge, Turkey, The 14th World Conference on Earthquake Engineering, October 12-17, 2008, Beijing, China.*

(22)   **Shunsuke OTANI,** *Seismic vulnerability assessment methods for buildings in Japan, Earthquake Engineering and Engineering Seismology, September 2000.*

(23)   **G.M. Calvi, R. Pinho, G. Magenes, J.J. Bommer, L.F. Restrepo-Vélez and H. Crowley,** *Development of seismic vulnerability assessment methodologies over the past 30 years, ISET Journal of Earthquake Technology, Paper No. 472, Vol. 43, No. 3, September 2006, pp. 75-104.*

SITES WEB :

(1)   Site personnel de **Mr. Taj-Eddine CHERKAOUI :**
http://www.everyoneweb.com/mtcherkaoui/

www.ingramcontent.com/pod-product-compliance
Lightning Source LLC
Chambersburg PA
CBHW020312220326
41598CB00017BA/1536